南海岛礁野生植物图集

王祝年　王清隆　戴好富　主编

中国农业出版社
北　京

编 委 会

FOREWORD 前　言

南海岛礁由200多个岛屿、沙洲、礁滩组成，分为东沙群岛、西沙群岛、南沙群岛和中沙群岛等群岛。其中，面积最大的天然岛是西沙群岛的永兴岛，总面积约1.85km^2，最大的人工岛为南沙群岛的美济礁，面积约6km^2。南海各岛礁自古以来就是我国的神圣领土，是我国最早发现、最早开发、最早管辖的海域领土之一。其中，中国领海总面积约210万km^2，南北纵跨约2 000km，东西横越约1 000km。

南海岛礁属典型的热带海洋季风气候。终年皆夏，光热条件充足，年平均气温及年降水量因各群岛的地理位置不同而有差异。年平均气温在26.5 ~ 27.9℃，年降水量为1 357 ~ 2 000mm，但分布不均匀。干湿季节分明，每年6—11月为雨季，盛行西南季风，是台风、暴雨等灾害性气候多发期；12月至翌年5月为旱季，盛行东北季风，降水稀少。各岛屿土壤成土母质较单纯，除了石岛的成土母质是火山岩外，其余主要是第四纪的珊瑚、贝壳碎屑灰岩。由此发育而成的磷质石灰土和滨海盐土富含钙和磷质。南海各岛屿由于形成的年代较晚，面积较小，岛上的植物种类比较简单和贫乏，同时缺乏原产的特有种类。

南海各岛礁由于地理位置、面积以及人类活动等因素影响，岛礁间植被差异较大。优势种乔木类有抗风桐、海岸桐、橙花破布木、红厚壳、榄仁树等；灌木类有草海桐、银毛树、海巴戟、海人树、苦郎树等；草藤本主要有细穗草、锥穗钝叶草、黑果飘拂草、白花黄细心、长管牵牛、无根藤等；滨海沙生植物以海刀豆、厚藤、滨豇豆、小刀豆、铺地刺蒴麻、蒭雷草、海滨大戟、海马齿、李花蟛蜞菊等为主。

南海各岛礁具有丰富的自然资源和重要的战略地位，因此各个岛礁的植物和植被资源的调查研究，一直是植物学、生态学、林学、农学及地理学工作者关注的重点问题之一。由于海况恶劣，以及周边复杂的政治环境等限制因素，我国植物学工作者仅对部分岛礁进行过几次规模较大的植物资源调查，从1947年张宏达先生最早调查西沙群岛的永兴岛、东岛等4个岛礁，到1974年陈邦余、陈伟球，1987年及1990年钟义，1992年邢福武、李泽贤、叶华谷等学者先后对西沙群岛各岛礁进行调查。近年来，童毅、邓双文、刘东明、王发国、邢福武等学者对西沙和南沙群岛进行了科学考察，并出版了《中国南海诸岛植物志》，共收录维管植物93科305属452种。

由于对南海岛礁的植物资源调查和研究还不够全面深入，2018—2019年，王祝年、王清隆、戴好富、袁浪兴、黄圣卓、段瑞军等对西沙和南沙群岛各岛礁进行了多次科学考察，采集大量标本，并增加173种新记录植物（包括栽培植物95种），对南海各岛礁的植物种类与分布进行了补充，并编写了《南海岛礁野生植物图集》。

本书包括图鉴和植物名录两部分，名录部分共收录南海岛礁维管植物105科391属626种（包括变种），图鉴部分重点选取261种野生维管植物进行简要介绍，内容包括每种植物的中文名（别名）、学名、性状、产地、生境、分布等。每种植物配以精美的彩图，便于读者识别。

本书中科的排列，蕨类植物按秦仁昌1978年系统，裸子植物按郑万钧1975年系统，被子植物按哈钦松系统，少数类群按最新研究成果稍作调整；科内属、种则按拉丁字母顺序排列。本书可供从事植物学、林学、农学和生态学等专业人员、大专院校师生、政府相关部门和植物爱好者参考使用。

本书受农业农村部财政专项项目“南锋专项”（NFZX2018），农业农村部热带作物种质资源保护项目“南药种质资源保护”“热带亚热带野生花卉与药用植物资源调查收集项目”，海南省农业农村厅农业种质资源保护项目“南药种质资源保护”等多个研究项目资助。

西沙宣德群岛

永兴岛羽芒菊＋厚藤为主的草本群落

石岛

赵述岛植被

北沙洲植被

南岛植被

中岛植被

北岛草海桐群落

中沙洲海人树群落

赵述岛海马齿群落

南岛细穗草群落

石屿植被

甘泉岛植被

甘泉岛抗风桐林群落

晋卿岛水芫花群落

晋卿岛红厚壳群落

甘泉岛苦郎树群落

晋卿岛泰来藻群落

甘泉岛橙花破布木群落

晋卿岛海岸桐+草海桐+银毛树群落

CONTENTS 目　录

单子叶植物纲 Monocotyledoneae

南海岛礁植物名录

The plant checklist of the South China Sea Islands

蕨类植物门

Pteridophyta

松叶蕨科

Psilotaceae

松叶蕨

Psilotum nudum (L.) P. Beauv.

小型蕨类，附生于树干上或岩缝中，高15～51厘米。根茎横行，圆柱形，仅具假根，二叉分枝；地上茎直立，无毛或鳞片，绿色，下部不分枝，上部多回二叉分枝；枝三棱形，绿色，密生白色气孔。

产地 永兴岛。

生境 生于树木或岩石裂缝上。

分布 分布于我国西南部至东南部，广布于热带和亚热带。

用途 全草药用，解毒消炎，利水止血，收敛，活血通经，祛风湿，逐血破瘀。

海金沙科

Lygodiaceae

海金沙

Lygodium japonicum (Thunb.) Sw.

多年生草质藤本，长1 ~ 4米。叶多数，对生于茎上的短枝两侧，二型，纸质，二回羽状。孢子囊穗长2 ~ 4毫米。

产地 永兴岛、赵述岛。

生境 生于灌丛、树头周边。

分布 分布于我国江苏、浙江、福建、台湾、广东、香港、广西、湖南、贵州、四川、云南及安徽南部、陕西南部，日本、斯里兰卡、菲律宾、印度、澳大利亚及爪哇岛也有分布。

用途 以孢子入药，通利小肠，疗伤寒热狂，治湿热肿毒、小便热淋、血淋、石淋、经痛、尿路结石、白浊、白带、肝炎、肾炎水肿、咽喉肿痛、痄腮、肠炎、痢疾、皮肤湿疹、带状疱疹。

凤尾蕨科

Pteridaceae

蜈蚣草

Pteris vittata L.

植株高20～150厘米。根状茎直立，木质，密被蓬松的黄褐色鳞片。叶簇生；柄坚硬，长10～30厘米或更长，基部粗3～4毫米，深禾秆色至浅褐色，幼时密被与根状茎上同样的鳞片，以后渐变稀疏；叶一回羽状；侧生羽片可达40对。

产地　永兴岛。

生境　生于钙质土或石灰岩上，也生于石隙或墙壁上。

分布　分布于我国热带和亚热带地区，秦岭南坡为其在我国分布的北方界线，在马达加斯加、巴勒斯坦、秘鲁及中美洲也分布很广。

用途　祛风除湿，舒筋活络，解毒杀虫。主治：风湿筋骨疼痛、腰痛、肢麻屈伸不利、半身不遂、跌打损伤、感冒、痢疾、乳痈、疮毒、疥疮、蛔虫症、蛇虫咬伤。

金星蕨科

Thelypteridaceae

华南毛蕨

Cyclosorus parasiticus (L.) Farw.

植株高达70厘米。根状茎横走，粗约4毫米，连同叶柄基部有深棕色披针形鳞片。叶近生；叶柄长达40厘米；叶片长35厘米，长圆披针形，先端羽裂，尾状渐尖头，基部不变狭，二回羽裂；羽片12 ~ 16对，无柄。孢子囊群圆形，生侧脉中部以上，每裂片(1 ~ 2) 4 ~ 6对；囊群盖小，宿存。

产地 永兴岛。

生境 生于树林及房屋后草地阴生处。

分布 分布于我国浙江、福建、台湾、广东、海南、湖南、江西、重庆、广西、云南，日本、韩国、尼泊尔、缅甸、斯里兰卡、越南、泰国、印度尼西亚、菲律宾及印度均有分布。

用途 全草入药，祛风，除湿。主治风湿痹痛、感冒、痢疾。

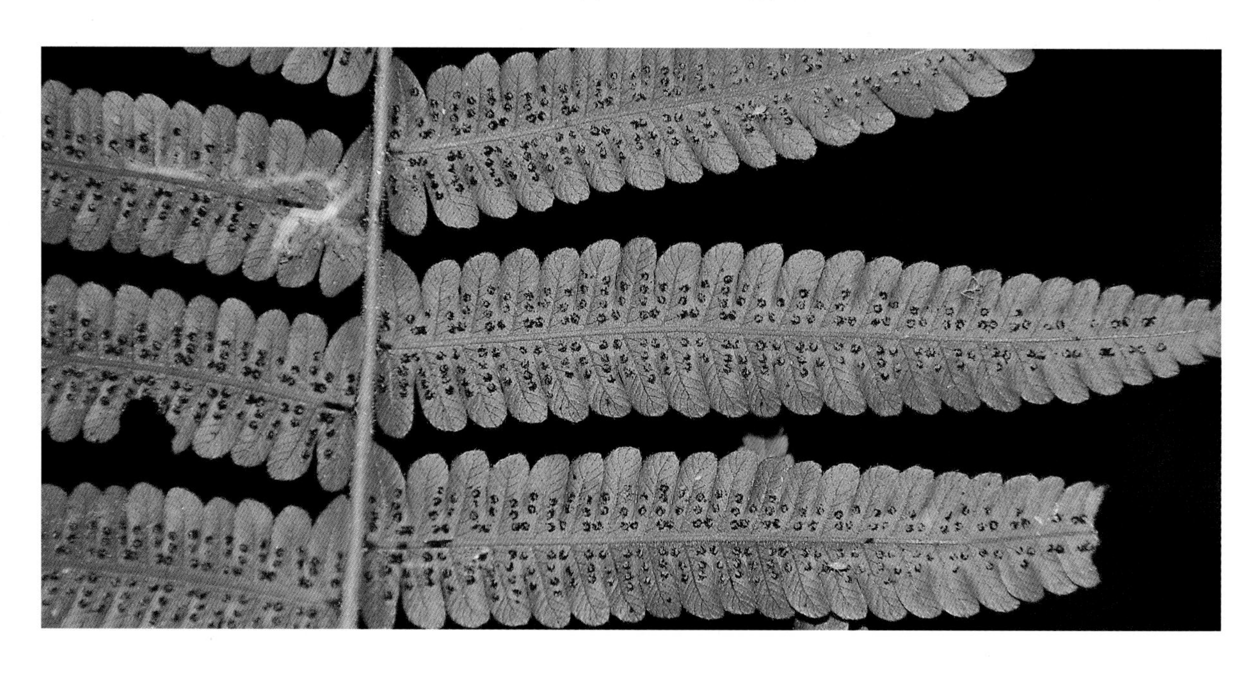

肾蕨科

Nephrolepidaceae

毛叶肾蕨

Nephrolepis brownii (Desv.) Hovenk. et Miyam.

附生或土生。根状茎短而直立，具横走的匍匐茎。叶簇生，一回羽状，羽片多数，下部的对生，向上互生，近无柄，以关节着生于叶轴；叶下面沿主脉及小脉有线形鳞片密生。孢子囊群圆形，靠近叶边；囊群盖圆肾形。

产地 甘泉岛、永兴岛。

生境 生于石缝处或林下。

分布 分布于我国台湾、福建、广东、海南、广西、云南，也广泛分布于亚洲热带地区。

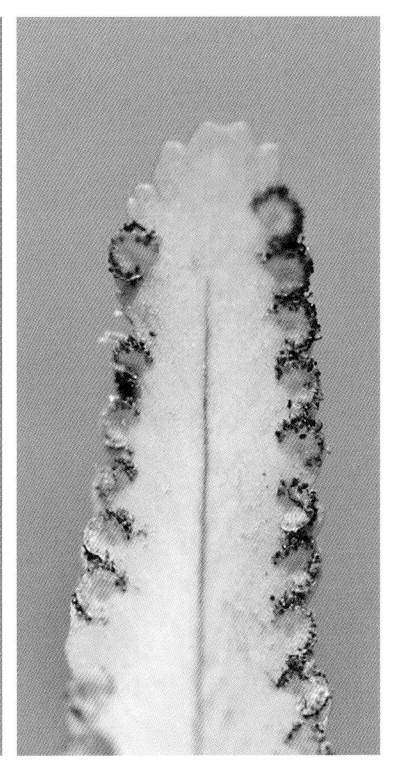

水龙骨科

Polypodiaceae

瘤蕨

Phymatosorus scolopendria (Burm. f.) Pic. Serm.

附生植物。根状茎长而横走，肉质，疏被鳞片。叶远生，叶柄光滑无毛；叶片通常羽状深裂；叶近革质，两面光滑无毛。孢子囊群在裂片中脉两侧各1行或不规则的多行，凹陷，在叶表面明显凸起。

产地 永兴岛、东岛。

生境 附生于树干上。

分布 分布于我国海南、台湾、广东，日本、菲律宾、马来西亚、印度、斯里兰卡，中南半岛、新几内亚岛、波利尼西亚，以及澳大利亚热带地区、非洲热带地区等也有分布。

用途 全草入药，治疗跌打伤、外伤流血、烫伤、尿道刺痛。

被子植物门

Angiospermae

双子叶植物纲 Dicotyledoneae

无根藤

Cassytha filiformis L.

寄生缠绕草本，借盘状吸根攀附于寄主植物上。茎线形，绿色或绿褐色。叶退化为微小的鳞片。花果期5—12月。

产地 永兴岛、石岛、东岛、中建岛、晋卿岛、琛航岛、广金岛、金银岛、甘泉岛、珊瑚岛、赵述岛、西沙洲、北岛。

生境 生于海边沙地及灌丛中。

分布 分布于我国云南、贵州、广西、广东、湖南、江西、浙江、福建及台湾等省份，亚洲热带地区、非洲及澳大利亚也有分布。

用途 本植物对寄主有害，但全草可供药用，可化湿消肿，通淋利尿，治肾炎水肿、尿路结石、尿路感染、跌打疖肿及湿疹，又可作造纸用的糊料。

潺槁木姜子

Litsea glutinosa (Lour.) C. B. Rob.

常绿小乔木或乔木，高3 ~ 15米；树皮灰色或灰褐色，内皮有黏质。小枝灰褐色，幼时有灰黄色茸毛。顶芽卵圆形，鳞片外面被灰黄色茸毛。花期5—6月，果期9—10月。

产地　永兴岛。

生境　生于草地灌丛中。

分布　分布于我国广东、广西、福建及云南南部，越南、菲律宾、印度也有分布。

用途　木材黄褐色，稍坚硬，耐腐，可供家具用材；树皮和木材含胶质，可作黏合剂；种仁含油率50.3%，供制皂及做硬化油；根皮和叶入药，清湿热、消肿毒，治腹泻，外敷治疮痈。

莲叶桐科
Hernandiaceae

莲叶桐

Hernandia nymphaeifolia (C. Presl) Kubitzki

常绿乔木，树皮光滑。单叶互生，心状圆形，盾状，纸质，全缘，具3～7脉；叶柄几乎与叶片等长。

产地 西沙洲。

生境 生于海岸林中。

分布 分布于我国海南、台湾，亚洲热带地区均有分布。

防己科
Menispermaceae

毛叶轮环藤

Cyclea barbata Miers

草质藤本，长达5米。主根稍肉质，条状。嫩枝被扩展或倒向的糙硬毛。花期秋季，果期冬季。

产地 永兴岛。

生境 生于树木周边草丛中。

分布 分布于我国海南、广东，印度东北部、中南半岛至印度尼西亚也有分布。

用途 根入药，称“银不换”(海南)，味苦性寒，可解毒、止痛、散瘀；据记载，在印度尼西亚爪哇，其叶可制成果酱，食之健胃。

粪箕笃

Stephania longa Lour.

草质藤本，长1～4米或稍过之，除花序外全株无毛。枝纤细，有条纹。花期春末夏初，果期秋季。

产地 永兴岛。

生境 生于灌丛或林缘。

分布 分布于我国云南东南部及广西、广东、海南、福建和台湾。

用途 干燥全草入药，功能为清热解毒、利湿通便、消疮肿，治热病发狂、黄疸、胃肠炎、痢疾、便秘、尿血、疮痈肿毒。

胡椒科
Piperaceae

草胡椒

Peperomia pellucida (L.) Kunth

一年生肉质草本，高20～40厘米。穗状花序顶生和与叶对生，细弱，长2～6厘米。浆果球形，顶端尖，直径约0.5毫米。花期4—7月。

产地 永兴岛。

生境 生于树林下湿地、石缝中及宅舍墙脚下。

分布 分布于我国福建、广东、广西及云南南部，原产美洲热带地区，现广布于各热带地区。

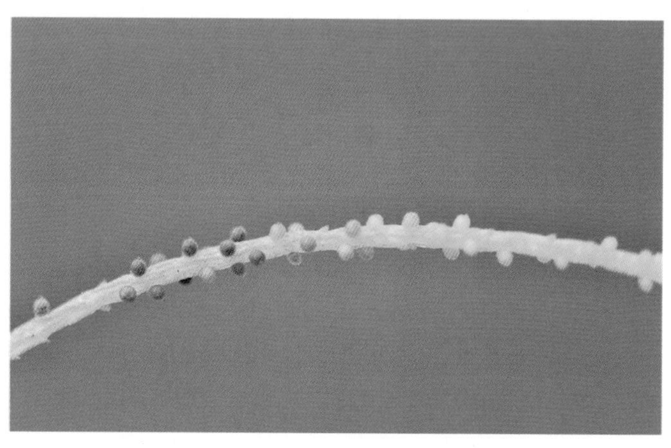

白花菜科
Capparidaceae

黄花草（臭矢菜）

Arivela viscosa (L.) Raf.

一年生直立草本，高0.3～1米，全株密被黏质腺毛与淡黄色柔毛，有恶臭气味。叶为具3～5（～7）小叶的掌状复叶。无明显的花果期，通常3月出苗，7月果熟。

产地 石岛、东岛、中建岛、晋卿岛、琛航岛、广金岛、金银岛、甘泉岛、珊瑚岛、西沙洲、赵述岛、北岛、永兴岛、银屿、筐仔北岛。

生境 生于荒地、路旁及海边沙地。

分布 分布于我国安徽、福建、广东、广西、海南、湖北、湖南、江西、台湾、云南、浙江，原产古热带，现广布于热带与亚热带地区。

用途 种子可药用，海南有用鲜叶捣汁加水（或加乳汁）以治眼病。

钝叶鱼木（赤果鱼木）

Crateva trifoliata (Roxb.) B. S. Sun

乔木或灌木，高1.5 ~ 30米，花期时树上无叶或叶在当时十分幼嫩。花期3—5月，果期8—9月。

产地 北沙洲。

生境 生于海滩沙地上。

分布 分布于我国广东、广西、海南、云南等省份，印度至中南半岛都有分布。

白花菜（羊角菜）

Gynandropsis gynandra (L.) Briq.

一年生直立分枝草本，高1米内外。常被腺毛，有时茎上变无毛；无刺。叶为3～7小叶的掌状复叶。花果期7—10月。

产地 永兴岛、石岛、金银岛。

生境 生于道旁、荒地杂草丛中。

分布 分布于我国自海南一直到北京附近，从云南一直到台湾，可能原产古热带，现在热带与亚热带地区都有分布。

用途 全草入药，味苦辛，微毒，主治下气。煎水洗痔；捣烂敷风湿痹痛；擂酒饮止疟；制成混敷剂，能疗头痛、局部疼痛及预防化脓累积；因有抗痉挛作用，亦为产科临床用药。

皱子白花菜

Cleome rutidosperma DC. Prodr.

一年生草本。茎直立、开展或平卧，分枝疏散，高达90厘米，无刺，茎、叶柄及叶背脉上疏被无腺疏长柔毛，有时近无毛。叶具3小叶。花果期6—9月。

产地 永兴岛、赵述岛。

生境 生于路旁草地、房前屋后。

分布 分布于我国安徽、广东、广西、海南、台湾、云南，原产于非洲热带地区，归化于美洲热带地区、亚洲及澳大利亚。

荷莲豆草

Drymaria cordata (L.) Willd. ex Schult.

一年生草本，长60 ~ 90厘米。根纤细。茎匍匐，丛生，纤细，无毛，基部分枝，节常生不定根。花期4—10月，果期6—12月。

产地 永兴岛。

生境 生于路边杂草丛中。

分布 分布于我国浙江、福建、台湾、广东、海南、广西、贵州、四川、湖南、云南、西藏，日本、印度、斯里兰卡、阿富汗及非洲南部也有分布。

用途 全草入药，有消炎、清热、解毒之效。

粟米草科

Molluginaceae

吉粟草（针晶粟草）

Gisekia pharnaceoides L.

一年生草本，高20 ~ 50厘米。茎铺散，多分枝，无毛。花期夏秋季，果期冬季。

产地 北岛。

生境 生于海滩沙地。

分布 分布于我国海南，越南、印度、巴基斯坦、阿富汗及非洲热带地区也有分布。

长梗星粟草（簇花粟米草）

Glinus oppositifolius (L.) A. DC.

一年生铺散草本，高10 ~ 40厘米。分枝多，被微柔毛或近无毛。叶3 ~ 6片假轮生或对生。花果期几乎全年。

产地 永兴岛、石岛、琛航岛、北岛。

生境 生于海岸空旷沙地及路边杂草丛。

分布 分布于我国台湾、海南，亚洲、非洲热带地区及澳大利亚北部也有分布。

种棱粟米草（多棱粟米草）

Mollugo verticillata L.

一年生草本，直立或铺散，高10 ~ 30厘米，无毛。基生叶莲座状。花果期秋冬季。

产地 金银岛、永兴岛、晋卿岛。

生境 生于草地瘠土中。

分布 分布于我国山东、福建、台湾、广东、海南、广西，美洲热带地区、欧洲南部和日本也有分布。

番杏科
Aizoaceae

海马齿

Sesuvium portulacastrum (L.) L.

多年生肉质草本。茎平卧或匍匐，绿色或红色，有白色瘤状小点，多分枝，常节上生根，长20～50厘米。花期4—7月。

产地 永兴岛、石岛、东岛、中建岛、晋卿岛、琛航岛、广金岛、筐仔北岛、金银岛、甘泉岛、珊瑚岛、银屿、石屿、赵述岛、南岛、中沙洲、南沙洲、中岛。

生境 生于近海岸的沙地、岩石缝，常见。

分布 分布于我国福建、台湾、广东、海南，广布全球热带和亚热带海岸。

注 有毒。

假海马齿

Trianthema portulacastrum L.

一年生草本。茎匍匐或直立，近圆柱形或稍具棱，无毛或有细柔毛，常多分枝。花期夏季。

产地 永兴岛、中建岛、珊瑚岛、北岛。

生境 生于空旷干沙地。

分布 分布于我国台湾、广东、海南，广布于热带地区。

马齿苋科
Portulacaceae

马齿苋

Portulaca oleracea L.

一年生草本，全株无毛。茎平卧或斜倚，伏地铺散，多分枝，圆柱形，长10 ~ 15厘米，淡绿色或带暗红色。花期5—8月，果期6—9月。

产地 永兴岛、石岛、东岛、中建岛、琛航岛、广金岛、金银岛、甘泉岛、珊瑚岛、银屿、石屿、赵述岛、北岛、南岛、晋卿岛、筐仔北岛。

生境 生于菜园、路旁及海边沙地。

分布 分布于我国南北各地，广布全球温带和热带地区。

用途 全草供药用，有清热利湿、解毒消肿、消炎、止渴、利尿作用；种子明目；还可作兽药和农药；嫩茎叶可作蔬菜，味酸，也是很好的饲料。

毛马齿苋

Portulaca pilosa L.

一年生或多年生草本，高5～20厘米。茎密丛生，铺散，多分枝。花果期5—8月。

产地 永兴岛、石岛、东岛、琛航岛、广金岛、筐仔北岛、金银岛、甘泉岛、珊瑚岛、南岛。

生境 生于海边沙地及开阔地。

分布 分布于我国福建、台湾、广东、海南、广西、云南，菲律宾、马来西亚、印度尼西亚和美洲热带地区也有分布。

用途 广东用作刀伤药，将叶捣烂贴伤处。

沙生马齿苋

Portulaca psammotropha Hance

多年生铺散草本，高5 ~ 10厘米。根肉质，粗4 ~ 8毫米。茎肉质，直径1 ~ 1.5毫米，基部分枝。花果期夏季。

产地 永兴岛、石岛、东岛、琛航岛、南沙洲。

生境 生于海边沙地及岩石缝。

分布 分布于我国广东、海南、台湾，菲律宾也有分布。

四瓣马齿苋

Portulaca quadrifida L.

一年生、柔弱、肉质草本。茎匍匐，节上生根。花果期几乎全年。

产地 永兴岛、石岛、琛航岛、广金岛、珊瑚岛、赵述岛。

生境 生于空旷沙地、草地、路旁阳处。

分布 分布于我国台湾、广东、海南、云南，亚洲和非洲热带地区也有分布。

用途 全草药用，有止痢杀菌之效，治肠炎、腹泻、内痔出血等症。

狭叶尖头叶藜

Chenopodium acuminatum Willd. subsp. *virgatum* (Thunb.) Kitam.

一年生草本，高20 ～ 80厘米。茎直立，具条棱及绿色色条，有时色条带紫红色，多分枝；枝斜生，较细瘦。花期6—7月，果期8—9月。

产地 永兴岛。

生境 生于海滩沙地。

分布 分布于我国河北、辽宁、江苏、浙江、福建、台湾、广东、海南、广西，日本也有分布。

苋科

Amaranthaceae

土牛膝

Achyranthes aspera L.

多年生草本，高20 ~ 120厘米。根细长，直径3 ~ 5毫米，土黄色。茎四棱形，有柔毛，节部稍膨大，分枝对生。花期6—8月，果期10月。

产地 北岛、永兴岛、赵述岛、石岛、东岛、晋卿岛、琛航岛、广金岛、金银岛、甘泉岛、珊瑚岛。

生境 生于疏林或灌丛空旷地。

分布 分布于我国湖南、江西、福建、台湾、广东、广西、四川、云南、贵州，印度、越南、菲律宾、马来西亚等国家也有分布。

用途 根药用，有清热解毒、利尿的功效，主治感冒发热、扁桃体炎、白喉、流行性腮腺炎、泌尿系统结石、肾炎水肿等症。

喜旱莲子草（空心莲子草）

Alternanthera philoxeroides (Mart.) Griseb.

多年生草本。茎基部匍匐，上部上升，管状，不明显四棱，长55 ~ 120厘米，具分枝，幼茎及叶腋有白色或锈色柔毛，茎老时无毛，仅在两侧纵沟内保留。花期5—10月。

产地 北岛、永兴岛、晋卿岛。

生境 生于草坪阴湿处。

分布 原产巴西，我国引种于北京、江苏、浙江、江西、湖南、福建，后逸为野生。

用途 全草入药，有清热利水、凉血解毒等功效；可作饲料。

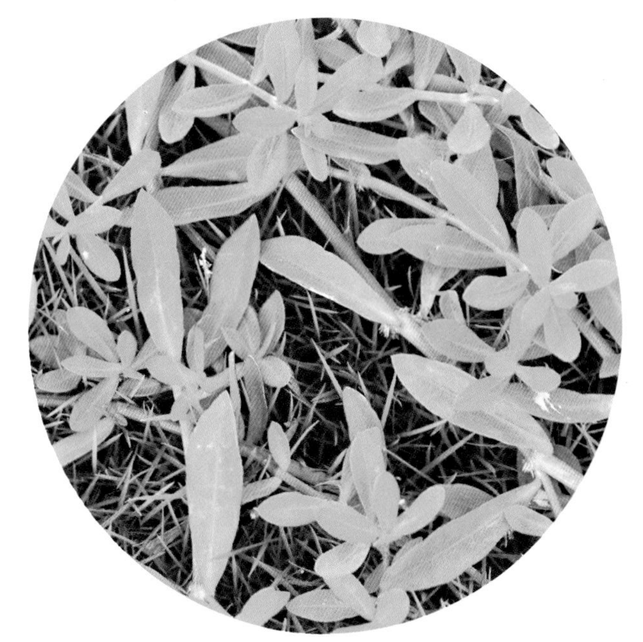

莲子草（虾钳菜）

Alternanthera sessilis (L.) DC.

多年生草本，高10 ~ 45厘米。圆锥根粗，直径可达3毫米。茎上升或匍匐，绿色或稍带紫色，有条纹及纵沟，沟内有柔毛，在节处有一行横生柔毛。花期5—7月，果期7—9月。

产地 永兴岛、赵述岛。

生境 生于草地潮湿处及路边沙石中。

分布 分布于我国安徽、江苏、浙江、江西、湖南、湖北、四川、云南、贵州、福建、台湾、广东、广西，印度、缅甸、越南、马来西亚、菲律宾等国家也有分布。

用途 全草入药，有散瘀消毒、清火退热功效，治牙痛、痢疾，疗肠风、下血；嫩叶作为野菜食用，又可作饲料。

老鸦谷（繁穗苋）

Amaranthus cruentus L.

一年生草本。茎直立，近无毛。叶卵状长圆形或卵状披针形。穗状圆锥花序直立，后下垂；苞片和小苞片钻形，绿色。胞果卵形，盖裂。花期6—7月，果期9—10月。

产地　永兴岛、晋卿岛、赵述岛。

生境　生于海边沙地、海边灌丛沙质土。

分布　全国各地均有栽培或野生，全球广泛分布。

用途　茎叶可作蔬菜；栽培供观赏；种子可食用或酿酒。

刺苋

Amaranthus spinosus L.

一年生草本，高30～100厘米。茎直立，圆柱形或钝棱形，多分枝，有纵条纹，绿色或带紫色，无毛或稍有柔毛。花果期7—11月。

产地 永兴岛。

生境 生于海边沙地或菜园周边。

分布 分布于我国陕西、河南、安徽、江苏、浙江、江西、湖南、湖北、四川、云南、贵州、广西、广东、福建、台湾，日本、印度、马来西亚、菲律宾及美洲等地皆有分布。

用途 嫩茎叶作野菜食用；全草供药用，有清热解毒、散血消肿的功效。

皱果苋（野苋）

Amaranthus viridis L.

一年生草本，高40 ~ 80厘米，全体无毛。茎直立，有不显明棱角，稍有分枝，绿色或带紫色。花期6—8月，果期8—10月。

产地 永兴岛、石岛、中建岛、琛航岛、甘泉岛、珊瑚岛、晋卿岛、筐仔北岛。

生境 生于海岸外滩沙地上或杂草丛中。

分布 分布于我国东北、华北、华东、华南及陕西、云南，原产非洲热带地区，广泛分布在温带、亚热带和热带地区。

用途 嫩茎叶可作野菜食用，也可作饲料；全草入药，有清热解毒、利尿止痛的功效。

青葙

Celosia argentea L.

一年生草本，高0.3～1米，全体无毛。茎直立，有分枝，绿色或红色，具显明条纹。花期5—8月，果期6—10月。

产地 永兴岛。

生境 生于草坪及路边灌丛中。

分布 我国各地均有分布，朝鲜、日本、俄罗斯、印度、越南、缅甸、泰国、菲律宾、马来西亚及非洲热带地区也有分布。

用途 种子供药用，有清热明目作用；花序宿存经久不凋，可供观赏；种子炒熟后，可加工食用；嫩茎叶浸去苦味后，可作野菜食用；全植物可作饲料。

银花苋

Gomphrena celosioides Mart.

一年生直立草本，高20 ~ 60厘米。茎粗壮，有分枝，枝略成四棱形，有贴生白色长柔毛，节部稍膨大。花果期2—6月。

产地 永兴岛、石岛。

生境 生于路旁草地。

分布 分布于我国海南、台湾，原产美洲热带地区，现分布于世界各热带地区。

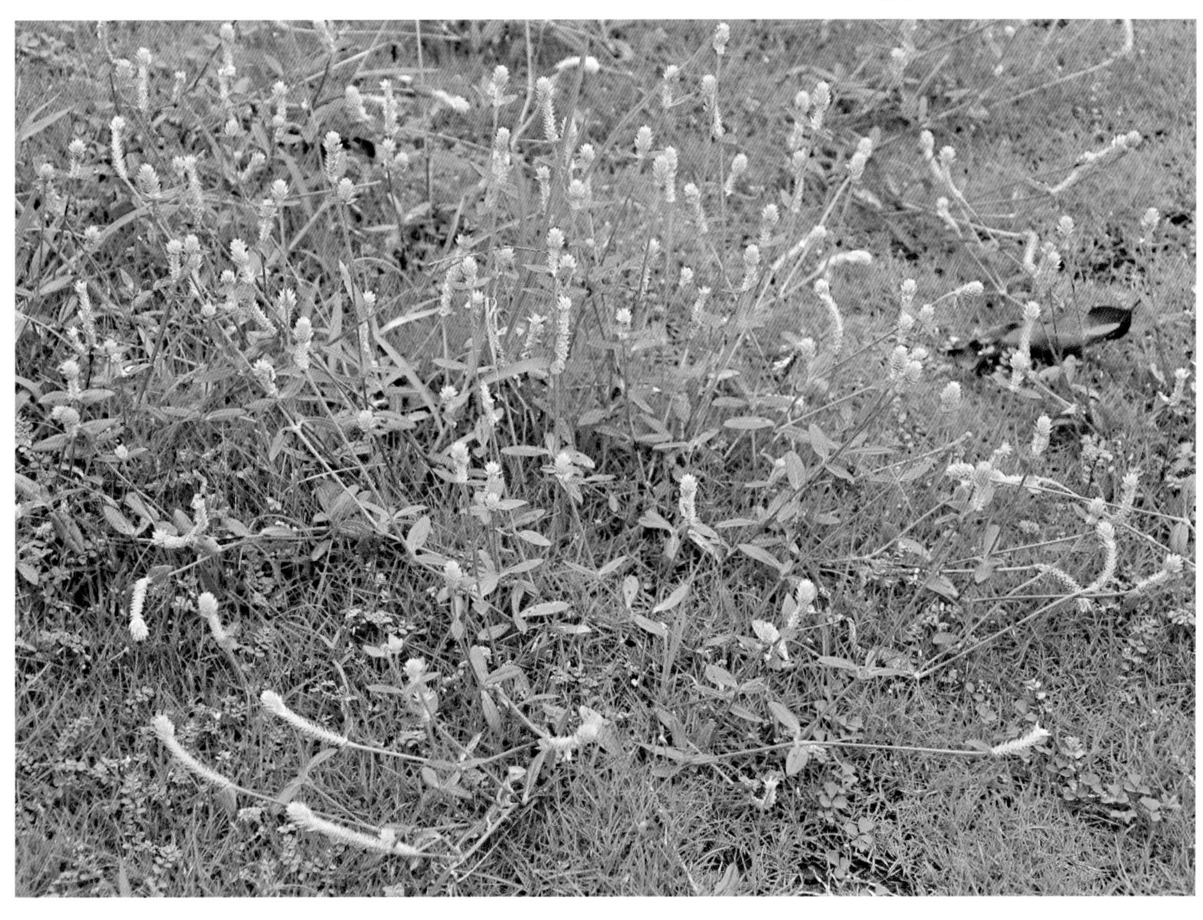

蒺藜科

Zygophyllaceae

大花蒺藜

Tribulus cistoides L.

多年生草本。枝平卧地面或上升，长30 ~ 60厘米，密被柔毛；老枝有节，具纵裂沟槽。托叶对生，长2.5 ~ 4.5厘米；小叶4 ~ 7对。花期5—6月。

产地 永兴岛、石岛、琛航岛、金银岛、甘泉岛、珊瑚岛、赵述岛、南岛。

生境 生于海岸沙滩、杂草丛中。

分布 分布于我国海南陵水、云南元江，广布于热带地区。

蒺藜

Tribulus terrestris L.

一年生草本。茎平卧，无毛，被长柔毛或长硬毛，枝长20 ~ 60厘米。偶数羽状复叶，小叶对生，3 ~ 8对。花期5—8月，果期6—9月。

产地 琛航岛、珊瑚岛、永兴岛。

生境 生于海滩沙地、草地灌丛。

分布 分布几遍全国，温带地区多有分布。

用途 青鲜时可做饲料；果入药，能平肝明目、散风行血。

酢浆草科
Oxalidaceae

酢浆草

Oxalis corniculata L.

草本，高10～35厘米，全株被柔毛。根茎稍肥厚；茎细弱，多分枝，直立或匍匐，匍匐茎节上生根。小叶3，无柄，倒心形。花果期2—9月。

产地 永兴岛、琛航岛、晋卿岛。

生境 生于树林下阴湿处及草地的石缝中。

分布 我国广布，亚洲温带、亚热带地区及地中海、欧洲、北美洲皆有分布。

用途 全草入药，能解热利尿、消肿散瘀；茎叶含草酸，可用以磨镜或擦铜器，使其具光泽；牛羊采食过多可中毒致死。

水芫花

Pemphis acidula J. R. Forst. et G. Forst.

多分枝小灌木，高约1米，有时成小乔木状，高达11米。小枝、幼叶和花序均被灰色短柔毛；叶对生，厚，肉质。

产地 东岛、金银岛、晋卿岛、琛航岛、广金岛、西沙洲、赵述岛。

生境 生于海边沙地或海边灌丛中。

分布 分布于我国台湾、海南以及东半球热带海岸。

用途 木材坚硬，不易劈裂，常用作工具把柄，也可供制锚、木钉等；也作护岸树种；枝入药，用于去痰、利湿、化瘀及止痛。

紫茉莉科
Nyctaginaceae

黄细心

Boerhavia diffusa L.

多年生蔓性草本，长可达2米。根肥粗，肉质。茎无毛或被疏短柔毛。花果期夏秋季。

产地 永兴岛、石岛、东岛、晋卿岛、琛航岛、广金岛、金银岛、甘泉岛、珊瑚岛、赵述岛、北岛、南岛。

生境 生于海滩沙地及路边杂草丛。

分布 分布于我国福建、台湾、广东、海南、广西、四川、贵州、云南，日本、菲律宾、印度尼西亚、马来西亚、越南、柬埔寨、印度、澳大利亚，太平洋岛屿及美洲、非洲也有分布。

用途 根烤熟可食，有甜味，甚滋补；叶有利尿、催吐、祛痰之效，可治气喘、黄疸病；马来西亚作导泻药、驱虫药和退热药。

直立黄细心（西沙黄细心）

Boerhavia erecta L.

草本，茎直立或基部外倾，被微柔毛或几乎无毛。叶片卵形、长圆形或披针形，顶端急尖，稀钝，基部圆形或楔形，背面灰白色，具下陷的红色腺体。聚伞圆锥花序紧密，花序梗长1.5 ~ 2厘米；花被管状或钟状，有5条不明显的棱，中部缢缩，白色、红色或粉红色；雄蕊2 ~ 3，稍伸出花被。果实倒圆锥形，长约3毫米，顶端截形，无毛，5条棱间的沟稍呈波状。花果期夏季。

产地 永兴岛。

生境 生于空旷沙地。

分布 分布于我国海南、广东，新加坡、马来西亚、印度尼西亚及太平洋岛屿也有分布。

匍匐黄细心

Boerhavia repens L.

多年生蔓性草本，茎伸展，长可达3米，常红色。根膨大不明显，细长，棕褐色。

产地 晋卿岛、甘泉岛。

生境 生于空旷沙地。

分布 分布于我国福建、广东，非洲、亚洲、美洲均有分布。

白花黄细心

Boerhavia tetrandra G. Forst.

一年至多年生草本。茎匍匐，分枝从主根向周围延展，可至1.5米，主根膨大成人参状。叶卵形革质。聚伞圆锥花序腋生，总花梗长达10厘米，花序有长短不一的分枝，每个小枝有花5 ~ 10朵，近头状；花被白色。花果期全年。

产地 东岛、永兴岛、南沙洲、北岛、石岛、琛航岛、金银岛、甘泉岛、珊瑚岛、鸭公岛、北沙洲、中沙洲、南岛。

生境 生于海边沙地及海边珊瑚岩石。

分布 除我国南海岛屿外分布于澳大利亚、基里巴斯等国家。

抗风桐（白避霜花）

Pisonia grandis R. Br.

常绿无刺乔木，高达14米；树干直径30 ~ 50厘米，最大可达1米，具明显的沟和大叶痕，被微柔毛或几乎无毛，树皮灰白色，皮孔明显。花期夏季，果期夏末至秋季。

产地 永兴岛、石岛、东岛、晋卿岛、琛航岛、广金岛、金银岛、甘泉岛、珊瑚岛、赵述岛、西沙洲。

生境 生于岛礁灌丛、海滩处。

分布 分布于我国台湾、海南，印度、斯里兰卡、马尔代夫、马达加斯加、马来西亚、印度尼西亚、澳大利亚东北部及太平洋岛屿也有分布。

用途 本种植物为西沙群岛最主要的树种，在甘泉岛有较大面积的原生纯林；因受风影响，枝条很少，叶常丛生，可用于造岛绿化用；当地用叶作为猪饲料；木材结构很疏松，材质不佳。

刺篱木

Flacourtia indica (Burm. f.) Merr.

落叶灌木或小乔木，高2 ~ 4（~ 15）米；树皮灰黄色，稍裂；树干和大枝条有长刺，老枝通常无刺；幼枝有腋生单刺，在顶端的刺逐渐变小，有毛或近无毛。花期春季，果期夏秋季。

产地 晋卿岛。

生境 生于近海岸沙地灌丛中。

分布 分布于我国福建、广东、海南、广西，印度、印度尼西亚、菲律宾、柬埔寨、老挝、越南、马来西亚、泰国及非洲等也有分布。

用途 浆果味甜，可以生食、制作蜜饯及酿酒；木材坚实，可以用来做家具、器具等，又可作为绿篱和沿海地区防护林的优良树种。

西番莲科

Passifloraceae

龙珠果

Passiflora foetida L.

草质藤本。茎具条纹并被平展柔毛。叶膜质，宽卵形至长圆状卵形，先端3浅裂，基部心形，边缘呈不规则波状，通常具头状缘毛，上面被丝状伏毛，并混生少许腺毛，下面被毛并其上部有较多小腺体；托叶半抱茎，深裂，裂片顶端具腺毛。聚伞花序退化仅存1花，与卷须对生；花白色或淡紫色，具白斑，直径2～3厘米。浆果卵圆球形，直径2～3厘米，无毛。花期7—8月，果期翌年4—5月。

产地 永兴岛、赵述岛、东岛、石岛、晋卿岛、琛航岛、广金岛、金银岛、甘泉岛、珊瑚岛、东沙岛。

生境 生于灌丛中或空旷地上。

分布 分布于我国海南、广西、广东、云南、台湾、福建，原产西印度群岛。

用途 果可食，味甜；全株入药，可清热解毒、清肺止咳，主治肺热咳嗽、小便混浊、痈疮肿毒、外伤性眼角膜炎、淋巴结炎。

美洲马瓟儿（垂瓜果）

Melothria pendula L.

一年生草质藤本，攀援。茎、枝颇纤细。叶片常掌状线裂。

产地　永兴岛、晋卿岛。

生境　生于杂灌丛及房屋墙角。

分布　分布于我国广东、海南等地，原产于美国东南部地区。

用途　果实可生食，味似黄瓜。

凤瓜（凤瓜）

Trichosanthes scabra Lour.

一年生草本，攀援。茎、枝颇纤细，有沟纹及长柔毛。叶柄长1.5 ~ 3厘米，密被黄褐色长柔毛。花期6—9月，果期9—11月。

产地 永兴岛、晋卿岛。

生境 生于草丛中或海岸沙地上。

分布 分布于我国广东、海南、广西、云南、贵州，印度、越南、马来西亚、印度尼西亚也有分布。

桃金娘科
Myrtaceae

番石榴

Psidium guajava Linn.

灌木或乔木；树皮平滑，灰色，片状剥落；嫩枝有棱，被毛。叶片革质，长圆形至椭圆形。花白色；子房下位，与萼合生。浆果球形、卵圆形或梨形，顶端有宿存萼片。

产地 甘泉岛。

生境 生于甘泉岛中部的灌草丛中。

分布 华南各地栽培，常有逸为野生种，原产南美洲。

用途 果供食用；叶含挥发油及鞣质等，供药用，有止痢、止血、健胃等功效；叶经煮沸去掉鞣质，晒干作茶叶用，味甘，有清热作用。

使君子科
Combretaceae

榄李（滩疤树）

Lumnitzera racemosa Willd.

常绿灌木或小乔木，高约8米，胸径约30厘米，树皮褐色或灰黑色，粗糙，枝红色或灰黑色，具明显的叶痕，初时被短柔毛，后变无毛。叶常聚生枝顶，叶片厚，肉质。花果期12月至翌年3月。

产地 琛航岛。

生境 生于海岸边外滩。

分布 分布于我国广东、海南、广西、台湾，东非热带地区、亚洲热带地区、大洋洲北部也有分布。

用途 以树汁入药，具有解毒、燥湿、止痒功效，主治鹅口疮、湿疹、皮肤瘙痒。

藤黄科

Clusiaceae

红厚壳（琼崖海棠树）

Calophyllum inophyllum L.

乔木，高5～12米；树皮厚，灰褐色或暗褐色，有纵裂缝，创伤处常渗出透明树脂；幼枝具纵条纹。叶片厚革质，两面具光泽。花期3—6月，果期9—11月。

产地 北岛、西沙洲、永兴岛、东岛、中建岛、晋卿岛、琛航岛、金银岛、甘泉岛、珊瑚岛、南岛。

生境 生于海滩沙荒地，在晋卿岛有大面积的原生林。

分布 分布于我国海南、台湾，印度、斯里兰卡、马来西亚、马达加斯加、澳大利亚以及安达曼群岛、菲律宾群岛、中南半岛、苏门答腊、波利尼西亚等地也有分布。

用途 种子富含油，油可供工业用，经过加工去毒和精炼后可食用；根、叶药用，具有祛瘀止痛的功效，主治风湿疼痛、跌打损伤、痛经、外伤出血；木材质地坚实，较重，耐磨损和海水浸泡，不受虫蛀食，适宜于造船、桥梁、枕木、农具及家具等用材。

椴树科

Tiliaceae

甜麻

Corchorus aestuans L.

一年生草本，高约1米。茎红褐色，稍被淡黄色柔毛。枝细长，披散。花期夏季。

产地 永兴岛、石岛、琛航岛、金银岛、甘泉岛、珊瑚岛、赵述岛。

生境 生于荒地、沙地。

分布 分布于我国长江以南各省份，亚洲热带地区、美洲中部及非洲有分布。

用途 纤维可作为黄麻代用品，用作编织及造纸原料；嫩叶可供食用；入药可作清凉解热剂。

粗齿刺蒴麻

Triumfetta grandidens Hance

木质草本，披散或匍匐，多分枝；嫩枝有简单柔毛。花期冬春季。

产地 永兴岛。

生境 生于海岸沙地。

分布 分布于我国海南、广东，越南、马来西亚也有分布。

用途 可供海岸固沙。

铺地刺蒴麻

Triumfetta procumbens G. Forst.

木质草本，茎匍匐；嫩枝被黄褐色星状短茸毛。叶厚纸质，卵圆形，有时3浅裂，长2～4.5厘米，宽1.5～4厘米，先端圆钝，基部心形，上面有星状短茸毛，下面被黄褐色厚茸毛，基出脉5～7条，边缘有钝齿；叶柄长1～5厘米，被短茸毛。聚伞花序腋生，花序柄长约1厘米；花柄长2～3毫米；花未见。果实球形，直径1.5厘米，干后不开裂；针刺长3～4毫米，有时更长些，粗壮，先端弯曲，有柔毛；果4室，每室有种子1～2颗。果期5—9月。

产地 西沙洲、永兴岛、石岛、东岛、中建岛、晋卿岛、琛航岛、广金岛、筐仔北岛、金银岛、甘泉岛、珊瑚岛、银屿、赵述岛、北岛、中岛、南岛、北沙洲、中沙洲、南沙洲。

生境 生于海滩上。

分布 分布于我国西沙群岛的东岛及东沙群岛，澳大利亚及西南太平洋的一些岛屿也有分布。

用途 固沙作用。

刺蒴麻

Triumfetta rhomboidea Jacq.

亚灌木；嫩枝被灰褐色短茸毛。叶纸质，生于茎下部的阔卵圆形，长3～8厘米，宽2～6厘米，先端常3裂，基部圆形；生于上部的长圆形；上面有疏毛，下面有星状柔毛，基出脉3～5条，两侧脉直达裂片尖端，边缘有不规则的粗锯齿；叶柄长1～5厘米。聚伞花序数枝腋生，花序柄及花柄均极短；萼片狭长圆形，长5毫米，顶端有角，被长毛；花瓣比萼片略短，黄色，边缘有毛；雄蕊10枚；子房有刺毛。果球形，不开裂，被灰黄色柔毛，具勾针刺长2毫米，有种子2～6颗。花期夏秋季。

产地 永兴岛、晋卿岛。

生境 生于林缘、海滩沙地。

分布 分布于我国云南、广西、广东、福建、台湾、海南，亚洲热带地区及非洲也有分布。

用途 全株供药用，可消风散毒，治毒疮及肾结石。

梧桐科
Sterculiaceae

蛇婆子

Waltheria indica L.

略直立或匍匐状半灌木，长达1米，多分枝，小枝密被短柔毛。叶卵形或长椭圆状卵形，顶端钝，基部圆形或浅心形，边缘有小齿，两面均密被短柔毛。聚伞花序腋生，头状；小苞片狭披针形，长约4毫米；萼筒状，5裂，长3 ~ 4毫米，裂片三角形，远比萼筒长；花瓣5片，淡黄色，匙形，顶端截形，比萼略长；雄蕊5枚，花丝合生呈筒状，包围着雌蕊；子房无柄，被短柔毛，花柱偏生，柱头流苏状。蒴果小，二瓣裂，倒卵形，长约3毫米，被毛，为宿存的萼所包围，内有种子1个；种子倒卵形，很小。花期夏秋季。

产地 永兴岛、琛航岛、珊瑚岛、赵述岛、晋卿岛、甘泉岛。

生境 生于海边荒地或沙地。

分布 分布于我国台湾、福建、广东、广西、云南等省份，广泛分布于热带地区。

用途 本种的茎皮纤维可织麻袋；又因其耐旱、耐瘠薄，在地面匍匐生长，故可作保土植物。

磨盘草

Abutilon indicum (L.) Sweet

一年生或多年生直立的亚灌木状草本，高达1 ~ 2.5米，分枝多，全株均被灰色短柔毛。叶卵圆形或近圆形，边缘具不规则锯齿，两面均密被灰色星状柔毛；花单生于叶腋，花梗长达4厘米，近顶端具节，被灰色星状柔毛。果为倒圆形似磨盘，直径约1.5厘米，黑色。花期7—10月。

产地 永兴岛、石岛、东岛、琛航岛、金银岛、珊瑚岛、赵述岛、晋卿岛。

生境 生于海拔800米以下的地带，如平原、海边、沙地、旷野、山坡、河谷及路旁等处。

分布 分布于我国台湾、福建、广东、广西、贵州和云南等省份，越南、老挝、柬埔寨、泰国、斯里兰卡、缅甸、印度和印度尼西亚等国家也有分布。

用途 本种皮层纤维可作麻类的代用品，供织麻布、搓绳索和加工成人造棉供织物和垫充料；全草供药用，有散风、清血热、开窍、活血等功效，为治疗耳聋的良药。

泡果苘

Herissantia crispa (L.) Brizicky

多年生草本，高1米，有时平卧地面，枝被白色长毛和星状细柔毛。叶心形，长2 ~ 7厘米，先端渐尖，边缘具圆锯齿，两面均被星状长柔毛；叶柄长2 ~ 50毫米，被星状长柔毛；托叶线形，长3 ~ 7毫米，被柔毛。花黄色，花梗丝形，长2 ~ 4厘米，被长柔毛，近端处具节而膝曲；花萼碟状，长4 ~ 5毫米，密被星状细柔毛和长柔毛，裂片5，卵形，先端渐尖头；花冠直径约1厘米，花瓣倒卵形。蒴果球形，直径9 ~ 13毫米，膨胀呈灯笼状，疏被长柔毛，熟时室背开裂，果瓣脱落，宿存花托长约2毫米；种子肾形，黑色。花期全年。

产地 金银岛、永兴岛、石岛、珊瑚岛。

生境 生于海岸沙地、疏林中。

分布 分布于我国海南岛的陵水、三亚、昌江、东方等地，原产美洲热带和亚热带地区，现广布于越南、印度、澳大利亚等国家。

赛葵

Malvastrum coromandelianum (L.) Garcke

亚灌木状，直立，高达1米，疏被单毛和星状粗毛。叶卵状披针形或卵形，边缘具粗锯齿。花单生于叶腋，花梗长约5毫米，被长毛。果直径约6毫米，分果爿8～12，肾形，疏被星状柔毛，直径约2.5毫米，背部宽约1毫米，具2芒刺。

产地 永兴岛、石岛、东岛、琛航岛、金银岛、甘泉岛、珊瑚岛。

生境 生于干燥和开放的荒地或路边。

分布 分布于我国福建、广东、广西、台湾、云南，印度、日本、缅甸、巴基斯坦、斯里兰卡、越南有分布，可能起源于美洲，现在泛热带分布。

用途 全草入药，配十大功劳可治疗肝炎；叶治疮疖。

黄花稔

Sida acuta Burm. f.

直立亚灌木状草本，高1 ~ 2米；分枝多，小枝被柔毛至近无毛。叶披针形，具锯齿，两面均无毛或疏被星状柔毛，上面偶被单毛。花单朵或成对生于叶腋，中部具节；花黄色，直径8 ~ 10毫米，花瓣倒卵形，先端圆，基部狭长6 ~ 7毫米，被纤毛；雄蕊柱长约4毫米，疏被硬毛。蒴果近圆球形，分果爿4 ~ 9，但通常为5 ~ 6，长约3.5毫米，顶端具2短芒，果皮具网状皱纹。花期冬春季。

产地　永兴岛、琛航岛、晋卿岛。

生境　生于山坡灌丛间、路旁或荒坡。

分布　分布于我国台湾、福建、广东、广西和云南，越南、老挝有分布，原产印度。

用途　其茎皮纤维供绳索料；根叶作药用，有抗菌消炎的功效。

桤叶黄花稔

Sida alnifolia L.

直立亚灌木或灌木。叶倒卵形、卵形、卵状披针形至近圆形，先端尖或圆，基部圆至楔形，边缘具锯齿，上面被星状柔毛，下面密被星状长柔毛。花单生于叶腋，花梗长1～3厘米，中部以上具节，密被星状茸毛；花黄色，直径约1厘米，花瓣倒卵形，长约1厘米。果近球形，分果爿6～8，长约3毫米，具2芒，被长柔毛。花期7—12月。

产地 永兴岛、晋卿岛。

生境 生于路旁草丛中。

分布 分布于我国海南、云南、广西、广东、江西、福建、台湾，印度、泰国、越南也有分布。

圆叶黄花稔

Sida alnifolia L. var. *orbiculata* S. Y. Hu

直立亚灌木或灌木。叶圆形，直径5～13毫米，具圆齿，两面被星状长硬毛。花单生于叶腋，花梗长约3厘米，中部以上具节；花黄色，直径约1厘米，花瓣倒卵形，长约1厘米。果近球形，分果爿6～8，长约3毫米，具2芒，被长柔毛。花期7—12月。

产地 西沙洲、永兴岛、石岛、东岛、晋卿岛、琛航岛、广金岛、金银岛、甘泉岛、珊瑚岛、鸭公岛、赵述岛、北岛、中沙洲、南沙洲、筐仔北岛。

生境 生于向阳山坡、路旁。

分布 分布于我国广东、海南。

中华黄花稔

Sida chinensis Retz.

直立小灌木，高达70厘米，分枝多，密被星状柔毛。叶倒卵形、长圆形或近圆形，先端圆，基部楔形至圆形，具细圆锯齿，上面疏被星状柔毛或几乎无毛，下面被星状柔毛。花单生于叶腋，花梗长约1厘米，中部具节，被星状柔毛；花黄色，直径约1.2厘米，花瓣5，倒卵形。果圆球形，直径约4毫米，分果爿7～8，包藏于宿萼内，平滑而无芒，顶端疏被柔毛。花期冬春季。

产地 永兴岛、赵述岛、甘泉岛、晋卿岛。

生境 生于向阳山坡丛草间或沟旁。

分布 分布于我国台湾、海南、云南。

长梗黄花稔

Sida cordata (Burm. f.) Borss. Waalk.

披散近灌木状，高达1米，小枝细瘦，被黏质和星状柔毛及长柔毛。叶心形，长1～5厘米，先端渐尖，边缘具钝齿或锯齿，两面均被星状柔毛。花腋生，通常单生或簇生成具叶的总状花序状，疏被星状柔毛和长柔毛，花梗纤细，长2～4厘米，中部以上具节，花后延长；花黄色。蒴果近球形，直径约3毫米，分果爿5，卵形，不具芒，先端截形，疏被柔毛。花期7月至翌年2月。

产地　永兴岛、金银岛、赵述岛。

生境　生于山谷灌丛或路边草丛中。

分布　分布于我国台湾、福建、广东、广西和云南等省份，印度、斯里兰卡和菲律宾等国家也有分布。

心叶黄花稔

Sida cordifolia L.

直立亚灌木，高约1米；小枝密被星状柔毛并混生长柔毛，毛长3毫米。叶卵形，先端钝或圆，基部微心形或圆，边缘具钝齿，两面均密被星状柔毛，下面脉上混生长柔毛。花单生或簇生于叶腋或枝端；花黄色，直径约1.5厘米，花瓣长圆形。蒴果直径6～8毫米，分果爿10，顶端具2长芒，芒长3～4毫米，突出于萼外，被倒生刚毛。花期全年。

产地 永兴岛、中建岛、金银岛。

生境 生于山坡灌丛间或路旁草丛中。

分布 分布于我国台湾、福建、广东、广西、四川和云南等省份，亚洲和非洲的热带和亚热带地区均有分布。

白背黄花稔

Sida rhombifolia L.

直立亚灌木，高约1米，分枝多，枝被星状绵毛。叶菱形或长圆状披针形，先端浑圆至短尖，基部宽楔形，边缘具锯齿，上面疏被星状柔毛至近无毛，下面被灰白色星状柔毛。花单生于叶腋，花梗长1～2厘米，密被星状柔毛，中部以上有节；花黄色，直径约1厘米，花瓣倒卵形。果半球形，直径6～7毫米，分果爿8～10，被星状柔毛，顶端具2短芒。花期秋冬季。

产地 永兴岛。

生境 生于山坡灌丛间、旷野和沟谷两岸。

分布 分布于我国台湾、福建、广东、广西、贵州、云南、四川和湖北等省份，越南、老挝、柬埔寨和印度等国家有分布。

用途 全草药用，有消炎解毒、祛风除湿、止痛等功效。

杨叶肖槿（桐棉）

Thespesia populnea (L.) Soland. ex Corr.

常绿乔木，小枝具褐色盾形细鳞秕。叶卵状心形，先端长尾状，基部心形，全缘，上面无毛，下面被稀疏鳞秕。花单生于叶腋间；花冠钟形，黄色，内面基部具紫色块，长约5厘米。蒴果梨形，直径约5厘米；种子三角状卵形，长约9毫米，被褐色纤毛，间有脉纹。花期近全年。

产地 永兴岛、东岛、琛航岛、西沙洲。

生境 生于海边和海滩向阳处。

分布 分布于我国台湾、广东、海南，越南、柬埔寨、斯里兰卡、印度、泰国、菲律宾及非洲热带地区也有分布。

地桃花

Urena lobata L.

直立亚灌木状草本，高达1米，小枝被星状茸毛。茎下部的叶近圆形，先端浅3裂，基部圆形或近心形，边缘具锯齿；中部的叶卵形；上部的叶长圆形至披针形。花腋生，单生或稍丛生，淡红色。果扁球形，直径约1厘米，分果爿被星状短柔毛和锚状刺。花期7—10月。

产地 永兴岛。

生境 生于路边。

分布 分布于我国长江以南各省份，越南、柬埔寨、老挝、泰国、缅甸、印度和日本等国家也有分布。

用途 茎皮富含坚韧的纤维，供纺织和搓绳索，常用作麻类的代用品；根药用，煎水点酒服可治疗白痢。

铁苋菜

Acalypha australis L.

一年生草本。叶膜质，长卵形、近菱状卵形或阔披针形，边缘具圆锯，上面无毛，下面沿中脉具柔毛；基出脉3条，侧脉3对。雌雄花同序，花序腋生，稀顶生。花果期4—12月。

产地 永兴岛。

生境 生于旱地、草地。

分布 分布于我国除西部高原或干燥地区外大部分省份，俄罗斯远东地区及朝鲜、日本、菲律宾、越南、老挝也有分布，现逸生于印度和澳大利亚北部。

热带铁苋菜

Acalypha indica L.

一年生直立草本，高0.5 ~ 1米。叶膜质，菱状卵形或近卵形，顶端急尖，基部楔形，上半部边缘具锯齿，两面沿叶脉具短柔毛；基出脉5条。雌雄花同序，花序1（~ 2）个腋生，长2 ~ 7厘米，花序梗和花序轴均具短柔毛，雌花苞片3 ~ 7枚，圆心形，长约5毫米，上部边缘具浅钝齿，缘毛稀疏，掌状脉明显，苞腋具雌花1 ~ 2朵。蒴果直径约2毫米，具3个分果爿，具短柔毛；种子卵状，长约1.5毫米，种皮具细小颗粒体，假种阜细小。花果期3—10月。

产地 永兴岛、中建岛、金银岛、珊瑚岛、赵述岛、晋卿岛。

生境 生于海边沙地、草地上。

分布 分布于我国海南东部、台湾南部，非洲热带地区及印度、斯里兰卡、泰国、柬埔寨、越南、马来西亚、印度尼西亚、菲律宾等也有分布，现逸生于中美洲。

麻叶铁苋菜

Acalypha lanceolata Willd.

一年生直立草本，高0.4 ~ 0.7米；嫩枝密生黄褐色柔毛及疏生的粗毛。叶膜质，菱状卵形或长卵形，顶端渐尖，基部楔形或阔楔形，边缘具锯齿，两面具疏毛；基出脉5条。雌雄花同序，花序1 ~ 3个腋生，长1 ~ 2.5厘米，几乎无花序梗。花果期3—10月。

产地 永兴岛、金银岛、珊瑚岛。

生境 生于路旁草地上。

分布 分布于我国海南，亚洲南部和东南部热带地区及太平洋岛屿也有分布。

海滨大戟

Euphorbia atoto Forst. f.

多年生亚灌木状草本。茎基部木质化，向上斜展或近匍匐，多分枝，每个分枝向上常呈二歧分枝，高20 ~ 40厘米；茎节膨大而明显。花果期6—11月。

产地 永兴岛、石岛、中建岛、晋卿岛、琛航岛、广金岛、筐仔北岛、金银岛、甘泉岛、珊瑚岛、银屿、赵述岛、北岛、中岛、南岛、中沙洲、南沙洲、北沙洲、西沙洲。

生境 生于海岸沙地。

分布 分布于我国广东（南部沿海）、海南和台湾，日本、泰国、斯里兰卡、印度及印度尼西亚诸岛屿、太平洋诸岛屿直至澳大利亚均有分布。

飞扬草

Euphorbia hirta L.

一年生草本。根纤细，常不分枝。茎单一，自中部向上分枝或不分枝，高30 ~ 60（70）厘米，直径约3毫米，被褐色或黄褐色的多细胞粗硬毛。花果期6—12月。

产地 赵述岛、西沙洲、永兴岛、石岛、东岛、中建岛、晋卿岛、琛航岛、广金岛、金银岛、甘泉岛、珊瑚岛。

生境 生于路旁、草丛、灌丛及海滩沙土中。

分布 分布于我国江西、湖南、福建、台湾、广东、广西、海南、四川、贵州和云南，热带和亚热带地区有分布。

用途 全草入药，可治痢疾、肠炎、皮肤湿疹、皮炎、疖肿等；鲜汁外用治癣类。

通奶草

Euphorbia hypericifolia L.

一年生草本。根纤细，长10 ～ 15厘米，直径2 ～ 3.5毫米，常不分枝，少数由末端分枝。茎直立，自基部分枝或不分枝，高15 ～ 30厘米，直径1 ～ 3毫米，无毛或被少许短柔毛。花果期8—12月。

产地 永兴岛。

生境 生于荒地、路旁、灌丛及海滩沙地。

分布 分布于我国长江以南的江西、台湾、湖南、广东、广西、海南、四川、贵州和云南，热带和亚热带地区也有分布。

用途 全草入药，通奶。

紫斑大戟

Euphorbia hyssopifolia L.

一年生草本。根纤细，长约6厘米，直径0.8 ~ 1.0 毫米。茎斜展或近直立，极少匍匐，无毛，长约15厘米，直径约1毫米。叶对生，椭圆形，长1 ~ 2厘米，宽3 ~ 5毫米，先端钝，基部偏斜，不对称，近圆形，边缘具稀疏钝锯齿；叶面具数个紫色斑点；叶柄短，长约1.5毫米；托叶平截状，极短，先端唇齿状。花序单一或聚伞状生于叶腋，单生时具柄；总苞狭钟状，高8毫米，直径4 ~ 5毫米，边缘5裂，裂片三角形；腺体4，黄绿色，边缘具有比腺体宽的白色或粉色附属物；雄花5 ~ 15枚；雌花1枚；具较长的子房柄；子房光滑，无毛；花柱3，分离；柱头2浅裂。蒴果三角状卵形，长与直径均约2.5毫米，光滑无毛；果柄长达2毫米。种子卵状四棱形，长约1.1毫米，直径约0.8毫米，每面具3 ~ 4横沟，无种阜。花果期4—10月。

产地 永兴岛、赵述岛。

生境 生于灌丛、草地和海滩沙地。

分布 分布于我国海南、台湾，原产美洲热带和亚热带地区，并归化于旧大陆。

匍匐大戟

Euphorbia prostrata Aiton

一年生草本。根纤细，长7～9厘米。茎匍匐状，自基部多分枝，长15～19厘米，通常呈淡红色或红色，少绿色或淡黄绿色，无毛或被少许柔毛。花果期4—10月。

产地　珊瑚岛、赵述岛、北岛、东岛、晋卿岛。

生境　生于路旁沙地和荒地灌丛。

分布　分布于我国江苏、湖北、福建、台湾、广东、海南和云南，原产美洲热带和亚热带地区，归化于旧大陆的热带和亚热带地区。

千根草

Euphorbia thymifolia L.

一年生草本。根纤细，长约10厘米，具多数不定根。茎纤细，常呈匍匐状，自基部极多分枝，长可达10 ~ 20厘米，直径仅1 ~ 2（3）毫米，被稀疏柔毛。花果期6—11月。

产地 永兴岛、赵述岛、北岛、晋卿岛。

生境 生于路旁、屋旁、草丛及沙地上。

分布 分布于我国湖南、江苏、浙江、台湾、江西、福建、广东、广西、海南和云南，热带和亚热带地区（除澳大利亚）均有分布。

用途 全草入药，有清热利湿、收敛止痒等功效，主治菌痢、肠炎、腹泻等。

小果木（地沟桐）

Micrococca mercurialis (L.) Benth.

草本或亚灌木，15 ~ 60厘米，多分枝，雌雄同株。茎疏生毛。叶片卵形至椭圆形，长1.8 ~ 5.3厘米、宽1 ~ 2.6厘米，基部渐狭至圆形，有2枚腺体，叶缘具有圆齿，常在齿缺处有腺体和毛；叶端渐尖；近轴面无毛至稍有疏毛，远轴面疏生毛；侧脉约5对；叶柄长5 ~ 20毫米，稍有毛，在基部有腺体。总状花序腋生，1.7 ~ 7厘米，花梗长0.5 ~ 4.3厘米，节间长5 ~ 13毫米；苞片卵形至椭圆形，长1 ~ 1.75毫米、宽0.3 ~ 1毫米，无毛或疏生毛。雄花直径0.5 ~ 1.5毫米；花梗长0.5 ~ 2毫米，无毛；萼片卵形，长0.3 ~ 1毫米、宽0.3 ~ 0.75毫米，在外面无毛或稍有疏毛，雄蕊3或4枚，花丝长0.1 ~ 0.3毫米，花药长0.2 ~ 0.4毫米、宽0.1 ~ 0.2毫米。雌花直径1 ~ 2毫米；花梗长1 ~ 15毫米，具有毛；花萼裂片卵形，长1 ~ 1.75毫米、宽0.75 ~ 0.8毫米，外面被毛；花盘裂片长0.5 ~ 1毫米、宽0.1 ~ 0.25毫米；子房球状，直径约0.5毫米，被毛；柱头长0.2 ~ 0.75毫米，不分裂，光滑或具有乳头状凸起。蒴果直径3 ~ 5毫米，无毛至疏生毛，轴柱长1 ~ 2毫米，种子近球形，直径1.5 ~ 2毫米。

产地　永兴岛。

生境　生于海滩沙地、灌杂草丛中。

分布　分布于我国海南文昌、琼海，非洲热带地区、澳大利亚北部、泰国及也门、马达加斯加、印度、斯里兰卡、马来西亚和新加坡亦有分布。

用途　叶可作为野生蔬菜及药用；药用可治疗小儿发烧、头痛、中耳炎等。

地杨桃

Microstachys chamaelea (L.) Müll. Arg.

多年生草本。主根粗直而长，直径可达5毫米，侧根纤细，丝状。茎基部多少木质化，高20 ~ 60厘米，多分枝，分枝常呈二歧式，纤细，先外倾而后上升，具锐纵棱，无毛或幼嫩部分被柔毛。花期几乎全年。

产地　永兴岛、晋卿岛。

生境　生于杂草地、沙滩上。

分布　分布于我国海南及广东南部、广西南部，印度、斯里兰卡、缅甸、泰国、越南、柬埔寨、马来西亚、印度尼西亚和菲律宾也有分布。

苦味叶下珠

Phyllanthus amarus Schum. et Thonn.

一年生草本，高达50厘米。茎略带褐红色，通常自中上部分枝；枝圆柱形，橄榄色；全株无毛。花果期1—10月。

产地 永兴岛、赵述岛、北岛、晋卿岛、银屿、甘泉岛。

生境 生于杂草地、路边、沙滩上。

分布 分布于我国台湾、广东、海南、广西、云南等省份，印度、马来西亚、菲律宾至美洲热带地区也有分布。

用途 全株供药用，可止咳祛痰。

小果叶下珠

Phyllanthus reticulatus Poir.

灌木，枝条淡褐色；幼枝、叶和花梗均被淡黄色短柔毛或微毛。叶片膜质至纸质，椭圆形、卵形至圆形。通常2～10朵雄花和1朵雌花簇生于叶腋，稀组成聚伞花序。蒴果呈浆果状，球形或近球形，直径约6毫米，红色，干后灰黑色，不分裂，4～12室，每室有2颗种子。花期3—6月，果期6—10月。

产地 永兴岛。

生境 生于灌木丛中。

分布 分布于我国江西、福建、台湾、湖南、广东、海南、广西、四川、贵州和云南等省份，西非至印度、斯里兰卡、缅甸、泰国、老挝、越南、柬埔寨、印度尼西亚、菲律宾、马来西亚和澳大利亚也有分布。

用途 根、叶供药用，主治驳骨、跌打。

纤梗叶下珠（五蕊油柑）

Phyllanthus tenellus Roxb.

一年生草本，高达1米，全株无毛。主茎单一，圆柱形，向上有不明显的棱，小枝纤细。

产地 永兴岛。

生境 生于路边、草地以及灌丛中。

分布 分布于广东、海南，是我国新归化种，原产马斯克林群岛，现广泛分布于世界热带和亚热带地区。

叶下珠

Phyllanthus urinaria L.

一年生草本，高10～60厘米。茎通常直立，基部多分枝，枝倾卧而后上升；枝具翅状纵棱，上部被纵列疏短柔毛。花期4—6月，果期7—11月。

产地　永兴岛、赵述岛、石岛、晋卿岛。

生境　生于路边荒地、草地。

分布　分布于我国河北、山西、陕西及华东、华中、华南、西南等地，印度、斯里兰卡、缅甸、泰国、老挝、越南、柬埔寨、日本、马来西亚、印度尼西亚至南美洲也有分布。

用途　药用，全草有解毒、消炎、清热止泻、利尿之效，可治赤目肿痛、肠炎腹泻、痢疾、肝炎、小儿疳积、肾炎水肿、尿路感染等。

黄珠子草

Phyllanthus virgatus Forst. f.

一年生草本，通常直立，高达60厘米。茎基部具窄棱，或有时主茎不明显；枝条通常自茎基部发出，上部扁平而具棱；全株无毛。花期4—5月，果期6—11月。

产地 赵述岛、晋卿岛。

生境 生于路旁灌丛、海边沙地。

分布 分布于我国河北、山西、陕西及华东、华中、华南和西南等地区，印度及东南亚到澳大利亚昆士兰和太平洋沿岸也有分布。

用途 全株入药，清热利湿，治小儿疳积等。

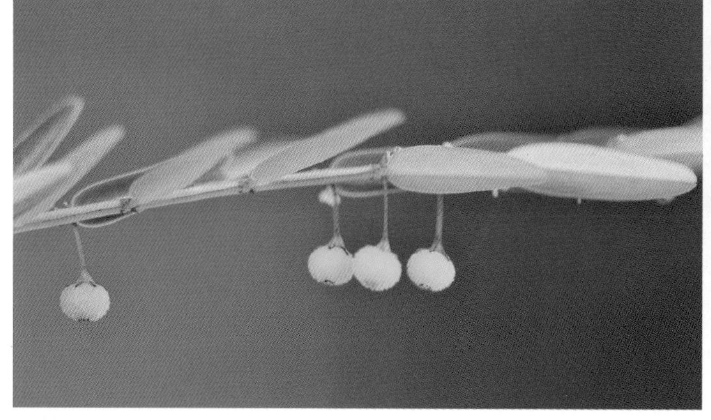

艾堇

Sauropus bacciformis (L.) Airy Shaw

一年生或多年生草本。茎匍匐状或斜升，单生或自基部有多条斜生或平展的分枝；枝条具锐棱或具狭的膜质的枝翅；全株均无毛。叶片鲜时近肉质，干后变膜质，形状多变，长圆形、椭圆形、倒卵形、近圆形或披针形。花雌雄同株；雌花单生于叶腋，直径3 ~ 4毫米。蒴果卵珠状。

产地 永兴岛。

生境 生于海边沙滩或路旁草地上。

分布 分布于我国台湾、海南、广东和广西等省份，毛里求斯、印度、斯里兰卡、越南、菲律宾、印度尼西亚、马来西亚等国家也有分布。

含羞草科

Mimosaceae

银合欢

Leucaena leucocephala (Lam.) de Wit

灌木或小乔木，高2 ~ 6米。幼枝被短柔毛，老枝无毛，具褐色皮孔，无刺。托叶三角形，小；羽片4 ~ 8对，小叶5 ~ 15对。花期4—7月，果期8—10月。

产地　永兴岛、石岛、东岛、中建岛、琛航岛、珊瑚岛。

生境　生于房屋前后灌丛、疏林中、海边沙质土上。

分布　分布于我国台湾、福建、广东、广西和云南，原产美洲热带地区，现广布于热带地区。

用途　本种耐旱力强，适为荒山造林树种，亦可作荫蔽树种或植作绿篱，木质坚硬，为良好的薪炭材，叶可作绿肥及家畜饲料。

巴西含羞草

Mimosa diplotricha Sauvalle

直立、亚灌木状草本。茎攀援或平卧，长达60厘米，五棱柱状，沿棱上密生钩刺，其余被疏长毛，老时毛脱落。二回羽状复叶，长10 ~ 15厘米；总叶柄及叶轴有钩刺4 ~ 5列；羽片（4 ~)7 ~ 8对，小叶（12）20 ~ 30对。花果期3—9月。

产地 金银岛、永兴岛、赵述岛、晋卿岛。

生境 生于荒地、草地上。

分布 分布于我国广东、海南，原产巴西。

无刺含羞草

Mimosa diplotricha Sauvalle var. *inermis* (Adelb.) Verdc.

直立、亚灌木状草本。茎攀援或平卧，长达60厘米，五棱柱状，茎上无钩刺，其余被疏长毛，老时毛脱落。二回羽状复叶，长10 ~ 15厘米；总叶柄及叶轴有钩刺4 ~ 5列；羽片（4 ~）7 ~ 8对，小叶（12）20 ~ 30对。花果期3—9月。

产地　永兴岛。

生境　生于杂草丛、沙地上。

分布　分布于我国广东、海南、云南，原产爪哇。

用途　本变种可作为胶园覆盖植物，但全株有毒，牛误食能致死。

含羞草

Mimosa pudica L.

披散、亚灌木状草本，高可达1米。茎圆柱状，具分枝，有散生、下弯的钩刺及倒生刺毛。托叶披针形，长5 ~ 10毫米，有刚毛；羽片和小叶触之即闭合而下垂；羽片通常2对，指状排列于总叶柄之顶端，小叶10 ~ 20对。花期3—10月，果期5—11月。

产地 永兴岛、石岛、赵述岛、西沙洲、晋卿岛。

生境 生于路边旱地、草地及灌丛中。

分布 分布于我国台湾、福建、广东、广西、云南等省份，原产美洲热带地区，现广布于热带地区。

用途 全草供药用，有安神镇静的功能，鲜叶捣烂外敷治带状疱疹。

苏木科

Caesalpiniaceae

刺果苏木

Caesalpinia bonduc (L.) Roxb.

有刺藤本，各部均被黄色柔毛；刺直或弯曲。叶长30 ~ 45厘米；叶轴有钩刺；羽片6 ~ 9对，对生；羽片柄极短，基部有刺1枚；托叶大，叶状，常分裂，脱落；在小叶着生处常有托叶状小钩刺1对；小叶6 ~ 12对。花期8—10月，果期10月至翌年3月。

产地 金银岛、北岛。

生境 生于海边灌丛中。

分布 分布于我国广东、广西、海南、台湾，热带地区均有分布。

南蛇簕（喙荚云实）

Caesalpinia minax Hance

有刺藤本，各部被短柔毛。二回羽状复叶长可达45厘米；托叶锥状而硬；羽片5 ~ 8对，小叶6 ~ 12对。花期4—5月，果期7月。

产地 晋卿岛。

生境 生于海边灌丛中。

分布 分布于我国广东、广西、贵州、四川、云南，印度、老挝、缅甸、泰国、越南也有分布。

用途 种子入药，名石莲子，性寒、无毒，可开胃进食、清心解烦、除湿去热，治哕逆不止、淋浊。

望江南

Senna occidentalis (L.) Link

直立、少分枝的亚灌木或灌木，无毛，高0.8 ~ 1.5米；枝带草质，有棱。根黑色。叶长约20厘米；叶柄近基部有大而带褐色、圆锥形的腺体1枚；小叶4 ~ 5对。花期4—8月，果期6—10月。

产地 永兴岛、东岛、琛航岛、金银岛、珊瑚岛。

生境 生于灌木丛中、路边草地。

分布 分布于我国东南部、南部及西南部各省份，原产美洲热带地区，现广布于热带和亚热带地区。

用途 在医药上常将本植物用作缓泻剂，种子炒后治疟疾；根有利尿功效；鲜叶捣碎治毒蛇毒虫咬伤；但有微毒，牲畜误食过量可以致死。

决明

Senna tora (L.) Roxb.

直立、粗壮、一年生亚灌木状草本，高1～2米。叶长4～8厘米；叶柄上无腺体；叶轴上每对小叶间有棒状的腺体1枚；小叶3对。花果期8—11月。

产地 永兴岛。

生境 生于杂草地上。

分布 分布于我国长江以南各省份，原产美洲热带地区，现广布于热带、亚热带地区。

用途 其种子叫决明子，有清肝明目、利水通便之功效，同时还可提取蓝色染料；苗叶和嫩果可食。

蝶形花科

Papilionaceae

相思子

Abrus precatorius L.

藤本。茎细弱，多分枝，被锈疏白色糙伏毛。羽状复叶；小叶8～13对，膜质，对生，近长圆形。总状花序腋生，长3～8厘米；花序轴粗短；花小，密集成头状；花冠紫色。荚果长圆形，成熟时开裂，有种子2～6粒；种子椭圆形，平滑具光泽，上部约2/3为鲜红色，下部1/3为黑色。花期3—6月，果期9—10月。

产地 永兴岛。

生境 生于海边灌木丛中。

分布 分布于我国台湾、广东、广西、云南，广布于热带地区。

用途 种子质坚，色泽华美，可作装饰品；根、藤入药，可清热解毒和利尿，外用治皮肤病，但有剧毒。

链荚豆

Alysicarpus vaginalis (L.) DC.

多年生草本，簇生或基部多分枝。茎平卧或上部直立，高30 ~ 90厘米，无毛或稍被短柔毛。叶仅有单小叶。花期9月，果期9—11月。

产地 永兴岛、石岛、东岛、琛航岛、珊瑚岛、赵述岛、晋卿岛、银屿。

生境 生于空旷草地、路旁及海边沙地。

分布 分布于我国福建、广东、海南、广西、云南及台湾等省份，广布于东半球热带地区。

用途 为良好绿肥植物，亦可作饲料；全草入药，治刀伤、骨折。

蔓草虫豆

Cajanus scarabaeoides (L.) Thouars

蔓生或缠绕状草质藤本。茎纤弱，长可达2米，具细纵棱，多少被红褐色或灰褐色短茸毛。叶具羽状3小叶。花期9—10月，果期11—12月。

产地 永兴岛。

生境 生于路旁草地、房屋后草丛中。

分布 分布于我国云南、四川、贵州、广西、广东、海南、福建、台湾。东自太平洋上一些岛屿，经越南、泰国、缅甸、不丹、尼泊尔、孟加拉国、印度、斯里兰卡、巴基斯坦，直至马来西亚、印度尼西亚及大洋洲，乃至非洲均有分布。

用途 叶入药，有健胃、利尿作用。

小刀豆

Canavalia cathartica Thou.

二年生、粗壮、草质藤本。茎、枝被稀疏的短柔毛。羽状复叶具3小叶；小叶纸质，卵形，先端急尖或圆，基部宽楔形、截平或圆，两面脉上被极疏的白色短柔毛。花1 ~ 3朵生于花序轴的每一节上；花冠粉红色或近紫色，长2 ~ 2.5厘米，旗瓣圆形，长约2厘米，宽约2.5厘米，顶端凹入，近基部有2枚痂状附属体，无耳，具瓣柄，翼瓣与龙骨瓣弯曲，长约2厘米；子房被茸毛，花柱无毛。荚果长圆形，长7 ~ 9厘米，宽3.5 ~ 4.5厘米，膨胀，顶端具喙尖；种子椭圆形，长约18毫米，宽约12毫米，种皮褐黑色，硬而光滑，种脐长13 ~ 14毫米。花果期3—10月。

产地 东岛、西沙洲、永兴岛。

生境 生于疏林下和海滩沙地上。

分布 分布于我国广东、海南、台湾，亚洲热带地区广布，大洋洲及非洲的局部地区亦有分布。

海刀豆

Canavalia rosea (Sw.) DC.

粗壮、草质藤本。羽状复叶具3小叶；小叶倒卵形、卵形、椭圆形或近圆形，侧生小叶基部常偏斜，两面均被长柔毛。总状花序腋生，连总花梗长达30厘米；花1 ～ 3朵聚生于花序轴近顶部的每一节上；花冠紫红色，旗瓣圆形，长约2.5厘米，顶端凹入，翼瓣镰状，具耳，龙骨瓣长圆形，弯曲，具线形的耳；子房被茸毛。荚果线状长圆形，长8 ～ 12厘米，宽2 ～ 2.5厘米，厚约1厘米，顶端具喙尖，离背缝线均3毫米处的两侧有纵棱；种子椭圆形，长13 ～ 15毫米，宽10毫米，种皮褐色，种脐长约1厘米。花期6—7月。

产地　永兴岛、西沙洲、北岛、中岛、南岛、东岛、琛航岛。

生境　生于海边沙滩上。

分布　分布于我国东南部至南部，热带海岸地区广布。

铺地蝙蝠草

Christia obcordata (Poir.) Bahn. f.

多年生平卧草本，长15 ~ 60厘米。茎与枝极纤细，被灰色短柔毛。叶通常为三出复叶，稀为单小叶。花期5—8月，果期9—10月。

产地 赵述岛。

生境 生于疏林下、路边草地。

分布 分布于我国福建、广东、海南、广西及台湾南部，印度、缅甸、菲律宾、印度尼西亚至澳大利亚北部也有分布。

猪屎豆

Crotalaria pallida Aiton

多年生草本，或呈灌木状。茎枝圆柱形，具小沟纹，密被紧贴的短柔毛。托叶极细小，刚毛状，通常早落；叶三出。花果期9—12月。

产地 永兴岛。

生境 生于海边荒草地及沙质土壤之中。

分布 分布于我国福建、台湾、广东、广西、四川、云南、山东、浙江、湖南，美洲、非洲、亚洲热带和亚热带地区均有分布。

用途 可供药用，全草有散结、清湿热等作用。近年来，试用于抗肿瘤效果较好，主要对鳞状上皮癌、基底细胞癌有疗效。

异叶山蚂蝗（异叶山绿豆）

Desmodium heterophyllum (Willd.) DC.

平卧或上升草本，高10～70厘米。茎纤细，多分枝，除幼嫩部分被开展柔毛外近无毛。叶为羽状三出复叶。花果期7—10月。

产地 永兴岛。

生境 生于路旁草地。

分布 分布于我国安徽、福建、江西、广东、海南、广西、云南及台湾，印度、尼泊尔、斯里兰卡、缅甸、泰国、越南及太平洋群岛也有分布。

三点金

Desmodium triflorum (L.) DC.

多年生平卧草本，高10 ~ 50厘米。茎纤细，多分枝，被开展柔毛；根茎木质。叶为羽状三出复叶，小叶3。花果期6—10月。

产地 永兴岛、东岛、西沙洲、赵述岛、晋卿岛。

生境 生于旷野草地、路旁沙土上。

分布 分布于我国浙江、福建、江西、广东、海南、广西、云南、台湾等省份，印度、斯里兰卡、尼泊尔、缅甸、泰国、越南、马来西亚，太平洋群岛及大洋洲和美洲热带地区也有分布。

用途 全草入药，有解表、消食之效。

疏花木蓝

Indigofera colutea (Burm. f.) Merr.

亚灌木状草本；多分枝。茎平卧或近直立，基部木质化，与分枝均被灰白色柔毛和具柄头状腺毛。羽状复叶长2.5 ～ 4厘米，小叶3 ～ 5对。花期6—8月，果期8—12月。

产地 永兴岛、石岛、琛航岛、珊瑚岛。

生境 生于草地和海边沙地上。

分布 分布于我国广东、海南，印度、印度尼西亚、缅甸、巴基斯坦、巴布亚新几内亚、斯里兰卡、泰国、越南、澳大利亚及非洲等也有分布。

硬毛木蓝（毛木蓝）

Indigofera hirsuta L.

平卧或直立亚灌木，高30 ~ 100厘米，多分枝。茎圆柱形，枝、叶柄和花序均被开展长硬毛。羽状复叶长2.5 ~ 10厘米，小叶3 ~ 5对。花期7—9月，果期10—12月。

产地 永兴岛。

生境 生于路旁草地及海滩沙地上。

分布 分布于我国浙江、福建、台湾、湖南、广东、广西及云南，非洲、亚洲、美洲及大洋洲热带地区均有分布。

九叶木蓝

Indigofera limaei Ali.

一年生或多年生草本；多分枝。茎基部木质化，枝纤细平卧，长10 ~ 40厘米，上部有棱，下部圆柱形，被白色平贴“丁”字形毛。羽状复叶长1.5 ~ 3厘米；叶柄极短；托叶膜质，披针形，长约3毫米；小叶2 ~ 5对。花期8月，果期11月。

产地 永兴岛。

生境 生于海边干燥的沙土地。

分布 分布于我国海南、云南，澳大利亚、印度尼西亚、越南、泰国、缅甸、印度、尼泊尔、斯里兰卡、巴基斯坦及非洲西部地区也有分布。

刺荚木蓝

Indigofera nummulariifolia (L.) Livera ex Alston

多年生草本，高15 ~ 30厘米。茎平卧，基部分枝，分枝平展，长达40厘米；幼枝有毛，后变无毛；单叶互生。花期10月，果期10—11月。

产地 永兴岛。

生境 生于海滩沙土中。

分布 分布于我国台湾与海南，柬埔寨、印度、印度尼西亚、缅甸、巴基斯坦、巴布亚新几内亚、菲律宾、斯里兰卡、泰国、越南、澳大利亚及非洲也有分布。

紫花大翼豆

Macroptilium atropurpureum (DC.) Urb.

多年生蔓生草本。根茎深入土层；茎被短柔毛或茸毛，逐节生根。羽状复叶具3小叶。

产地 永兴岛。

生境 生于路边荒草地、海边杂灌丛中，常见。

分布 分布于我国广东、台湾、海南，原产美洲热带地区，现热带、亚热带地区均有栽培或已在当地归化。

用途 可作牧草。

小鹿藿

Rhynchosia minima (L.) DC.

缠绕状一年生草本。茎很纤细，具细纵纹，略被短柔毛。叶具羽状3小叶。花果期5—11月。

产地 永兴岛。

生境 生于路边草地、房屋后旱草地。

分布 分布于我国云南、四川、台湾，印度、缅甸、越南、马来西亚及东非热带地区有分布。

落地豆

Rothia indica (L.) Druce

一年生草本，茎多分枝，披散，被毛。叶具指状3小叶。花序顶生，与叶对生，总状，具1 ~ 2朵花；萼管钟状，雄蕊10枚，同型。荚果线形直伸，种子多数。花果期3—6月。

产地 永兴岛、晋卿岛。

生境 生于海边沙地。

分布 分布于我国广东、海南，越南、老挝、斯里兰卡、印度尼西亚和澳大利亚均有分布。

刺田菁

Sesbania bispinosa (Jacq.) W. Wight

灌木状草本，高1 ～ 3米。枝圆柱形，稍具绿白色线条，通常疏生扁小皮刺。偶数羽状复叶长13 ～ 30厘米，小叶20 ～ 40对。花果期8—12月。

产地 永兴岛。

生境 生于路边杂草地。

分布 分布于我国广东、广西、云南及四川，孟加拉国、柬埔寨、印度、印度尼西亚、克什米尔、马来西亚、缅甸、巴基斯坦、泰国、越南及非洲、印度洋岛屿、太平洋岛屿也有分布。

田菁

Sesbania cannabina (Retz.) Poir.

一年生草本，高3 ~ 3.5米。茎绿色，有时带褐色，微被白粉，有不明显淡绿色线纹；平滑，基部有多数不定根，幼枝疏被白色绢毛，后秃净，折断有白色黏液，枝髓粗大充实。羽状复叶，小叶20 ~ 30（~ 40）对。花果期7—12月。

产地 永兴岛、琛航岛、北岛。

生境 生于荒地、水沟等潮湿低地。

分布 我国海南、江苏、浙江、江西、福建、广西、云南有栽培或逸为野生，伊拉克、印度、马来西亚、巴布亚新几内亚、澳大利亚、加纳、毛里塔尼亚及新喀里多尼亚也有分布。

用途 茎、叶可作绿肥及牲畜饲料。

绒毛槐（海南槐）

Sophora tomentosa L.

灌木或小乔木，高2～4米。枝被灰白色短茸毛，羽状复叶长12～18厘米，小叶5～7（～9）对。花期8—10月，果期9—12月。

产地 永兴岛、东岛、金银岛、甘泉岛。

生境 生于海滨沙丘及附近小灌木林中。

分布 分布于我国台湾、广东、海南，热带海岸地带及岛屿上也有分布。

矮灰毛豆（西沙灰毛豆）

Tephrosia pumila (Lam.) Pers.

一年生或多年生草本，枝匍匐状或蔓生，高20 ~ 30厘米。茎细硬，具棱，密被伸展硬毛。羽状复叶长2 ~ 4厘米，小叶3（~ 6）对。花期全年。

产地 永兴岛、石岛、珊瑚岛。

生境 生于草地和路边向阳处。

分布 分布于我国海南，非洲东部、亚洲南部至东南部、拉丁美洲也有分布。

灰毛豆

Tephrosia purpurea (L.) Pers.

灌木状草本，高30～60（～150）厘米；多分枝。茎基部木质化，近直立或伸展，具纵棱，近无毛或被短柔毛。羽状复叶长7～15厘米，小叶4～8（10）对。花期3—10月。

产地 永兴岛、东岛、琛航岛、赵述岛、银屿。

生境 生于路边、荒地、海滩沙地上。

分布 分布于我国福建、台湾、广东、广西、云南，热带地区广布。

用途 枝叶可作绿肥，又为良好的固沙及堤岸保土植物。

滨豇豆

Vigna marina (Burm.) Merr.

多年生匍匐或攀援草本，长可达数米。茎幼时被毛，老时无毛或被疏毛。羽状复叶具3小叶。

产地 石岛、盘石屿、中建岛、琛航岛、广金岛、筐仔北岛、金银岛、甘泉岛、银屿、北岛、西沙洲。

生境 生于海边沙地。

分布 分布于我国台湾和海南，热带地区广布。

榆科
Ulmaceae

异色山黄麻

Trema orientalis (L.) Blume

乔木，高达20米，胸径达80厘米，或灌木。树皮浅灰至深灰色，平滑或老干上有不规则浅裂缝，小枝灰褐色，混生有较长的近直立的单细胞毛与较短的但交织的常为多细胞的毛，嫩梢上的较密。花期3—5（—6）月，果期6—11月。

产地 永兴岛、赵述岛。

生境 生于疏林下及路边灌丛中。

分布 分布于我国台湾、云南、海南及广东西南部、广西西部、贵州西南部，非洲热带地区及印度、斯里兰卡、孟加拉国、缅甸、越南、柬埔寨、老挝、马来西亚、印度尼西亚、菲律宾、日本和南太平洋诸岛也有分布。

对叶榕

Ficus hispida L.

灌木或小乔木，被糙毛。叶通常对生。榕果腋生或生于落叶枝上，或老茎发出的下垂枝上，陀螺形，成熟黄色，直径1.5 ~ 2.5厘米。花果期6—7月。

产地 永兴岛、赵述岛。

生境 生于疏林下向阳处。

分布 分布于我国广东、海南、广西、云南、贵州，尼泊尔、不丹、印度、泰国、越南、马来西亚至澳大利亚也有分布。

用途 药用，具有疏风解热、消积化痰、行气散瘀的功效，治感冒发热、支气管炎、消化不良、痢疾、跌打肿痛。果实可食，味甜。

笔管榕

Ficus subpisocarpa Gagnep.

落叶乔木，有时有气根；树皮黑褐色，小枝淡红色，无毛。叶互生或簇生。花期4—6月。

产地 永兴岛、晋卿岛。

生境 生于疏林中。

分布 分布于我国台湾、福建、浙江、海南及云南南部，缅甸、泰国、柬埔寨、老挝、越南、马来西亚（西海岸）均有分布。

用途 为良好蔽荫树，木材纹理细致、美观，可供雕刻。

斜叶榕

Ficus tinctoria Forst. f. subsp. *gibbosa* (Bl.) Corner

乔木或附生。叶革质，变异很大，卵状椭圆形或近菱形，两侧极不相等，在同一树上有全缘的也有具角棱和角齿的，大小幅度相差很大。花果期6—7月。

产地 永兴岛。

生境 生于墙角岩石上。

分布 分布于我国福建、广西、贵州、海南、台湾、西藏、云南，不丹、印度、印度尼西亚、马来西亚、缅甸、尼泊尔、斯里兰卡、泰国、越南也有分布。

鹊肾树

Streblus asper Lour.

乔木或灌木；树皮深灰色，粗糙；小枝被短硬毛，幼时皮孔明显。花期2—4月，果期5—6月。

产地 永兴岛。

生境 生于疏林中。

分布 分布于我国广东、海南、广西、云南，斯里兰卡、印度、尼泊尔、不丹、越南、泰国、马来西亚、印度尼西亚、菲律宾也有分布。

多枝雾水葛

Pouzolzia zeylanica (L.) Benn. var. *microphylla* (Wedd.) W. T. Wang

多年生草本或亚灌木，常铺地，长40 ~ 100（~ 200）厘米，多分枝，末回小枝常多数，互生，长2 ~ 10厘米，生有很小的叶子（长约5毫米）；茎下部叶对生，上部叶互生，分枝的叶通常全部互生或下部的对生。花期秋季。

产地 永兴岛。

生境 生于路边草地上。

分布 分布于我国云南东南部、江西南部及广西、广东、福建、台湾，亚洲热带地区广布。

鼠李科

Rhamnaceae

蛇藤

Colubrina asiatica (L.) Brongn.

藤状灌木。幼枝无毛。叶互生。花期6—9月，果期9—12月。

产地 永兴岛。

生境 生于海滩沙地上的林中或灌丛中。

分布 分布于我国广东、海南、广西、台湾，印度、斯里兰卡、缅甸、马来西亚、印度尼西亚、菲律宾、澳大利亚及非洲和太平洋岛屿也有分布。

葡萄科
Vitaceae

白粉藤

Cissus repens Lamk.

草质藤本，小枝圆柱形，有纵棱纹，常被白粉，无毛。卷须2叉分枝，相隔2节间断与叶对生。花期7—10月，果期11月至翌年5月。

产地　永兴岛。

生境　生于房屋前的灌丛中。

分布　分布于我国广东、广西、贵州、云南，越南、菲律宾、马来西亚和澳大利亚也有分布。

厚叶崖爬藤

Tetrastigma pachyphyllum (Hemsl.) Chun

木质藤本，茎扁平，多瘤状突起。叶为鸟足状5小叶，或3小叶。花序为复二歧聚伞花序，腋生。花期4—7月，果期5—10月。

产地 永兴岛。

生境 生于疏林下的灌丛。

分布 分布于我国广东、海南，越南和老挝也有分布。

苦木科
Simaroubaceae

海人树

Suriana maritima L.

灌木或小乔木，高1 ~ 3米，嫩枝密被柔毛及头状腺毛；分枝密，小枝常有小瘤状的疤痕。叶具极短的柄，常聚生在小枝的顶部，稍带肉质，线状匙形。花果期夏秋季。

产地 永兴岛、石岛、中建岛、晋卿岛、琛航岛、广金岛、金银岛、银屿、西沙洲、赵述岛、北岛、南岛、中沙洲、南沙洲。

生境 生于海岛边缘的沙地或石缝中。

分布 分布于我国台湾及西沙群岛等地，印度、印度尼西亚、菲律宾和太平洋岛屿等亦有分布。

楝科

Meliaceae

楝（苦楝）

Melia azedarach L.

落叶乔木，高达10余米；树皮灰褐色，纵裂；分枝广展，小枝有叶痕。叶为2～3回奇数羽状复叶。花期4—5月，果期10—12月。

产地 永兴岛、琛航岛、金银岛、珊瑚岛、赵述岛、西沙洲。

生境 生于路旁或疏林中。

分布 分布于我国黄河以南各省份，亚洲热带和亚热带地区也有分布，温带地区有栽培。

用途 心材黄色至红褐色，纹理粗而美，质轻软，易加工，是家具、建筑、农具、舟车、乐器等良好用材；用鲜叶作农药可灭钉螺；根皮入药可驱蛔虫和钩虫，但有毒，用时要严遵医嘱，根皮粉调醋可治疥癣；用苦楝子做成油膏可治头癣；果核仁油可供制油漆、润滑油和肥皂。

倒地铃

Cardiospermum halicacabum L.

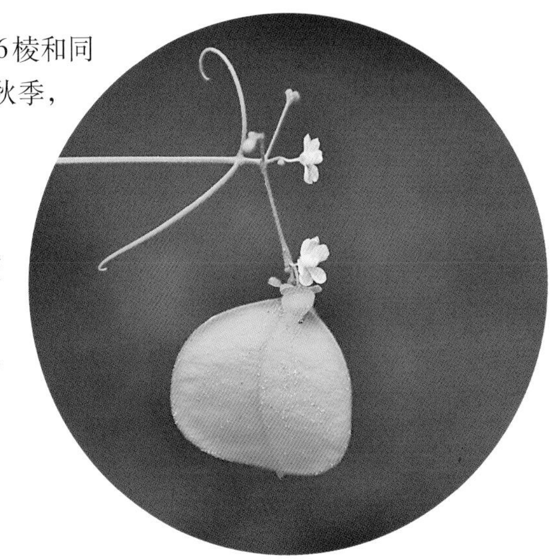

草质攀援藤本，长1 ~ 5米。茎、枝绿色，有5或6棱和同数的直槽，棱上被皱曲柔毛。二回三出复叶。花期夏秋季，果期秋季至初冬。

产地 永兴岛。

生境 生于灌丛、路边和林缘。

分布 我国东部、南部和西南部很常见，北部较少，热带和亚热带地区均有分布。

用途 全株可药用，味苦、性凉，有清热利水、凉血解毒、消肿等功效。

伞形科

Apiaceae

积雪草

Centella asiatica (L.) Urban

多年生草本。茎匍匐，细长，节上生根。花果期4—10月。

产地 永兴岛。

生境 生于阴湿的草地或水沟边。

分布 分布于我国陕西、江苏、安徽、浙江、江西、湖南、湖北、福建、台湾、广东、广西、四川、云南等省份，印度、斯里兰卡、马来西亚、印度尼西亚、日本、澳大利亚及中非、南非（阿扎尼亚）也有分布。

用途 全草入药，可清热利湿、消肿解毒，治暑泻、痢疾、湿热黄疸、砂淋、血淋、吐血、咯血、目赤、喉肿、风疹、疥癣、疔痈肿毒、跌打损伤等。

长春花

Catharanthus roseus (L.) G. Don

半灌木，略有分枝，高达60厘米，全株无毛或仅有微毛。茎近方形，有条纹，灰绿色；节间长1 ~ 3.5厘米。花果期几乎全年。

产地 西沙洲、永兴岛、石岛、东岛、中建岛、金银岛、珊瑚岛、赵述岛、晋卿岛。

生境 生于路边草本、海滩沙地等。

分布 分布于我国西南、中南及华东等地区，原产非洲东部，现栽培于热带和亚热带地区。

用途 植株含长春碱，可药用，有降血压之效；在国外有用来治白血病、淋巴肿瘤、肺癌、绒毛膜上皮癌、血癌和子宫癌等。

倒吊笔

Wrightia pubescens R. Br.

乔木，高8～20米，胸径可达60厘米，含乳汁；树皮黄灰褐色，浅裂；枝圆柱状，小枝被黄色柔毛，老时毛渐脱落，密生皮孔。花期4—8月，果期8月至翌年2月。

产地 永兴岛。

生境 生于灌丛中，不常见。

分布 分布于我国广东、广西、贵州和云南等省份，印度、泰国、越南、柬埔寨、马来西亚、印度尼西亚、菲律宾和澳大利亚也有分布。

用途 木材纹理通直，结构细致，材质稍软而轻，加工容易，干燥后不开裂、不变形，适于作轻巧的上等家具、铅笔杆、雕刻图章、乐器用材；树皮纤维可制人造棉及造纸；树形美观，庭园中有作栽培观赏；根和茎皮可药用，广西民间有用来治颈淋巴结与风湿性关节炎。

小牙草

Dentella repens (L.) J. R. Forst. et G. Forst.

多枝，匍匐，矮小草本。茎和分枝稍肉质，节上生须状不定根。花期冬春季，果期夏季。

产地 永兴岛。

生境 生于草地潮湿处。

分布 分布于我国台湾、海南、广东和云南，广布于亚洲东南部至大洋洲，美国和墨西哥也有分布。

海岸桐

Guettarda speciosa L.

常绿小乔木，高3～5米，罕有高达8米；树皮黑色，光滑；小枝粗壮，交互对生，有明显的皮孔，被脱落的茸毛。叶对生，薄纸质。花期4—7月。

产地 永兴岛、石岛、东岛、中建岛、晋卿岛、琛航岛、广金岛、金银岛、甘泉岛、珊瑚岛、西沙洲、赵述岛、北岛、中岛、南岛、中沙洲。

生境 生于海岸沙地的灌丛边缘，是南海岛礁的主要防风固沙树种之一。

分布 分布于我国广东、海南、台湾，文莱、印度、印度尼西亚、日本、马来西亚、菲律宾、新加坡、斯里兰卡、泰国、澳大利亚、马达加斯加及非洲海岸、太平洋岛屿也有分布。

用途 本种是重要的热带海岸防风固沙树种，可用于人工造岛绿化和防风固沙。

双花耳草

Hedyotis biflora (L.) Lam.

一年生无毛柔弱草本，高10 ~ 50厘米，直立或蔓生，通常多分枝。茎方柱形，稍肉质，后变圆柱形，灰色。叶对生，肉质。花期1—7月。

产地 珊瑚岛、永兴岛。

生境 生于海边沙地及疏林下，少见。

分布 分布于我国广东、广西、云南、江苏、台湾等省份，越南、印度、马来西亚、印度尼西亚至波利尼西亚也有分布。

伞房花耳草

Hedyotis corymbosa (L.) Lam.

一年生柔弱披散草本，高10 ~ 40厘米。茎和枝方柱形，无毛或棱上疏被短柔毛，分枝多，直立或蔓生。叶对生，近无柄，膜质。花果期几乎全年。

产地　永兴岛、石岛、东岛、琛航岛、金银岛、珊瑚岛、北岛、赵述岛、晋卿岛。

生境　生于湿润的草地、海边珊瑚沙地上。

分布　分布于我国广东、广西、海南、福建、浙江、贵州和四川等省份，亚洲热带地区、非洲和美洲等地均有分布。

用途　全草入药，有清热解毒、利尿消肿、活血止痛的功效，对恶性肿瘤、阑尾炎、肝炎、泌尿系统感染、支气管炎、扁桃体炎均有一定疗效，外用治疮疖、痈肿和毒蛇咬伤。

白花蛇舌草

Hedyotis diffusa Willd.

一年生无毛纤细披散草本，高20～50厘米。茎稍扁，从基部开始分枝。叶对生，无柄，膜质，线形。花期春季。

产地 北岛、永兴岛、金银岛。

生境 生于湿润的草地。

分布 分布于我国广东、香港、广西、海南、安徽、云南等省份，亚洲热带地区，西至尼泊尔，日本也有分布。

用途 全草入药，内服治肿瘤、蛇咬伤、小儿疳积，外用主治疱疮、刀伤、跌打损伤等。

盖裂果

Mitracarpus hirtus (L.) DC.

直立、分枝、被毛草本，高40 ~ 80厘米。茎下部近圆柱形，上部微具棱，被疏粗毛。花期4—6月。

产地 永兴岛。

生境 生于荒地上，少见。

分布 分布于我国海南，印度及南美洲热带地区、东非和西非热带地区也有分布。

海滨木巴戟（海巴戟）

Morinda citrifolia L.

灌木至小乔木，高1 ~ 5米。茎直，枝近四棱柱形。叶交互对生。花果期全年。

产地 永兴岛、石岛、东岛、中建岛、晋卿岛、琛航岛、广金岛、金银岛、甘泉岛、珊瑚岛、赵述岛、北岛、南岛、西沙洲、银屿、鸭公岛、筐仔北岛。

生境 生于海滨平地或疏林下。

分布 分布于我国广东、海南、台湾；自印度和斯里兰卡，经中南半岛，南至澳大利亚北部，东至波利尼西亚等广大地区均有分布。

用途 果实可吃，树干通直，树冠幽雅，在东南亚常种于庭园；根、茎可提取橙黄色染料；皮含袖木醌二酚、巴戟醌，印度尼西亚民间作药用。

鸡眼藤

Morinda parvifolia Bartl. ex DC.

攀援、缠绕或平卧藤本。嫩枝密被短粗毛，老枝棕色或稍紫蓝色，具细棱。叶形多变，生旱阳裸地者叶为倒卵形，具大、小二型叶，生疏阴旱裸地者叶为线状倒披针形或近披针形，攀援于灌木者叶为倒卵状倒披针形、倒披针形、倒卵状长圆形。花期4—6月，果期7—8月。

产地 西沙洲。

生境 生于海滩沙地上。

分布 分布于我国江西、福建、台湾、广东、香港、海南、广西等省份，菲律宾和越南也有分布。

用途 全株药用，有清热利湿、化痰止咳等功效。

鸡矢藤

Paederia foetida L.

藤本。茎长3 ~ 5米，无毛或近无毛。叶对生，纸质或近革质。花期5—7月。

产地 永兴岛。

生境 生于林缘、灌丛中或缠绕在树上。

分布 分布于我国陕西、甘肃、山东、江苏、安徽、江西、浙江、福建、台湾、河南、湖南、广东、香港、海南、广西、四川、贵州、云南，朝鲜、日本、印度、缅甸、泰国、越南、老挝、柬埔寨、马来西亚、印度尼西亚也有分布。

用途 主治风湿筋骨痛、跌打损伤、外伤性疼痛、肝胆及胃肠绞痛、黄疸型肝炎、肠炎、痢疾、消化不良、小儿疳积、肺结核咯血、支气管炎、放射反应引起的白细胞减少症、农药中毒；外用治皮炎、湿疹、疮疡肿毒。

墨苜蓿

Richardia scabra L.

一年生匍匐或近直立草本，长可至80余厘米。主根近白色。茎近圆柱形，被硬毛，节上无不定根，疏分枝。花期春夏季。

产地 永兴岛。

生境 生于荒地。

分布 分布于我国广东、海南、台湾等省份，原产美洲热带地区。

糙叶丰花草

Spermacoce hispida L.

平卧草本，被粗毛。枝四棱柱形，棱上具粗毛，节间延长。花果期5—8月。

产地 永兴岛、金银岛、赵述岛。

生境 生于海边沙地上。

分布 分布于我国福建、台湾、广东、香港、海南、广西等省份，印度尼西亚、马来西亚和菲律宾等国家也有分布。

光叶丰花草

Spermacoce remota Lamarck

多年生草本。花序顶生和在最上的叶腋着生，直径5 ~ 12毫米，多花。花果期1—6月。

产地 永兴岛、赵述岛、西沙洲。

生境 生于杂草丛、草坪、墙角等。

分布 分布于我国广东、台湾，原产于新热带地区，墨西哥、毛里求斯、印度、印度尼西亚、新加坡、斯里兰卡、泰国、越南、澳大利亚及安的列斯群岛、中美洲、太平洋群岛、南美洲北部均有分布。

藿香蓟

Ageratum conyzoides L.

一年生草本，高50 ~ 100厘米，有时又不足10厘米。无明显主根。茎粗壮，基部直径4毫米，或少有纤细的；全部茎枝淡红色，或上部绿色，被白色尘状短柔毛或上部被稠密开展的长茸毛。花果期全年。

产地 永兴岛、赵述岛、北岛、晋卿岛。

生境 生于荒地、路边草地上。

分布 分布于我国广东、广西、云南、贵州、四川、江西、福建等省份，原产中南美洲，作为杂草已广泛分布于非洲及印度、印度尼西亚、老挝、柬埔寨、越南等地。

用途 我国民间用全草治感冒发热、疔疮湿疹、外伤出血、烧烫伤等；在非洲、美洲居民中，用该植物全草作清热解毒和消炎止血用；在南美洲，当地居民对用该植物全草治妇女非子宫性阴道出血，有极高评价。

钻叶紫菀

Aster subulatus (Michaux) G. L. Nesom

一年生草本，高25 ~ 80cm。茎基部略带红色，上部有分枝。叶互生，无柄；基部叶倒披针形，花期凋落；中部叶线状披针形，长6 ~ 10cm，宽0.5 ~ 1cm，先端尖或钝，全缘，上部叶渐狭线形。头状花序顶生，排成圆锥花序；总苞钟状；总苞片3 ~ 4层；舌状花细狭、小，红色；管状花多数，短于冠毛。瘦果略有毛。花期9—11月。

产地　永兴岛、赵述岛。

生境　生于杂草丛、菜园、路边。

分布　分布于我国江苏、浙江、江西、湖北、湖南、四川、云南、贵州，原产北美洲。

用途　全草药用，外用治湿疹、疮疡肿毒。

注　外来入侵种，恶性杂草。

鬼针草

Bidens pilosa L.

一年生草本。茎直立，高30 ~ 100厘米，钝四棱形，无毛或上部被极稀疏的柔毛，基部直径可达6毫米。茎下部叶较小，3裂或不分裂，通常在开花前枯萎，中部叶具长1.5 ~ 5厘米无翅的柄，三出，小叶常3枚。

产地 东岛、西沙洲。

生境 生于路边荒地中。

分布 分布于我国华东、华中、华南、西南地区，亚洲和美洲的热带和亚热带地区均有分布。

用途 为我国民间常用草药，有清热解毒、散瘀活血的功效，主治上呼吸道感染、咽喉肿痛、急性阑尾炎、急性黄疸型肝炎、胃肠炎、风湿关节疼痛、疟疾，外用治疮疖、毒蛇咬伤、跌打肿痛。

白花鬼针草

Bidens pilosa L. var. *radiata* Sch. Bip.

一年生草本，茎直立，高30 ~ 100厘米，钝四棱形；茎下部叶较小，3裂或不分裂，通常在开花前枯萎，中部叶具长1.5 ~ 5厘米无翅的柄，三出，小叶常3枚。

产地 永兴岛、赵述岛、晋卿岛、银屿。

生境 生于海边杂草丛中。

分布 分布于我国华东、华中、华南、西南地区，亚洲和美洲的热带和亚热带地区均有分布。

用途 为我国民间常用草药，有清热解毒、散瘀活血的功效，主治上呼吸道感染、咽喉肿痛、急性阑尾炎、急性黄疸型肝炎、胃肠炎、风湿关节疼痛、疟疾，外用治疮疖、毒蛇咬伤、跌打肿痛。

柔毛艾纳香

Blumea axillans (Lam.) DC.

草本，主根粗直，有纤维状叉开的侧根。茎直立，高60～90厘米，分枝或少有不分枝，具沟纹，被开展的白色长柔毛，杂有具柄腺毛，节间长3～5厘米。花期几乎全年。

产地 永兴岛、晋卿岛。

生境 生于空旷草地。

分布 分布于我国云南、四川、贵州、湖南、广西、江西、广东、浙江及台湾等省份，阿富汗、巴基斯坦、不丹、尼泊尔、印度、斯里兰卡、缅甸、越南、老挝、柬埔寨、泰国、菲律宾、印度尼西亚及非洲、大洋洲北部也有分布。

石胡荽

Centipeda minima (L.) A. Br. et Aschers.

一年生小草本。茎多分枝，高5～20厘米，匍匐状，微被蛛丝状毛或无毛。叶互生，楔状倒披针形。花果期6—10月。

产地 永兴岛。

生境 生于路旁、阴湿草地上。

分布 分布于我国东北、华北、华中、华东、华南、西南地区，朝鲜、日本、印度、马来西亚及大洋洲也有分布。

用途 本种即中草药“鹅不食草”，能通窍散寒、祛风利湿、散瘀消肿，主治鼻炎、跌打损伤等症。

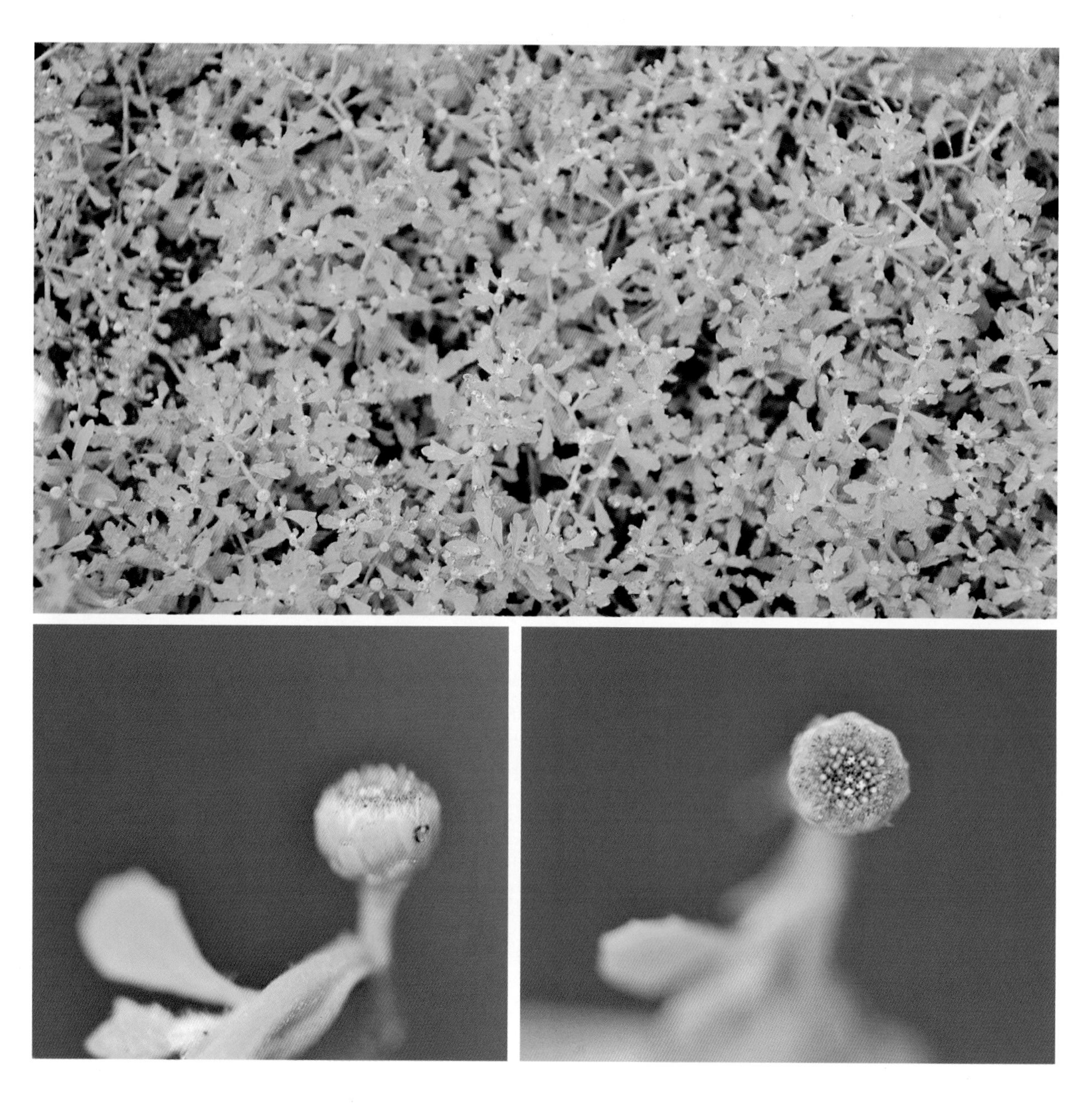

飞机草

Chromolaena odorata (L.) R. M. King et H. Robinson

多年生草本，根茎粗壮，横走。茎直立，高1～3米，苍白色，有细条纹；分枝粗壮，常对生，水平射出，与主茎成直角，少有分披互生而与主茎成锐角的；全部茎枝被稠密黄色茸毛或短柔毛。花果期4—12月。

产地 永兴岛、赵述岛、石岛、东岛、琛航岛、金银岛、珊瑚岛、晋卿岛、甘泉岛。

生境 生于海边灌丛中及路边草丛。

分布 分布于我国海南、云南、广西等地，原产美洲。

用途 全草入药，可杀虫止血。

香丝草

Erigeron bonariensis L.

一年生或二年生草本。根纺锤状，常斜升，具纤维状根。茎直立或斜升，高20 ~ 50厘米，稀更高，中部以上常分枝，常有斜上不育的侧枝，密被贴短毛，杂有开展的疏长毛。花期5—10月。

产地 永兴岛、赵述岛。

生境 生于路旁荒地。

分布 分布于我国中部、东部、南部至西南部地区，原产南美洲，现广泛分布于热带及亚热带地区。

用途 全草入药，治感冒、疟疾、急性关节炎及外伤出血等。

野茼蒿

Crassocephalum crepidioides (Benth.) S. Moore

一年生直立草本，高20 ~ 120厘米。茎有纵条棱。叶基常深裂。花期7—12月。

产地 永兴岛。

生境 生于草地阴湿处。

分布 分布于我国江西、福建、湖南、湖北、广东、广西、贵州、云南、四川、西藏，东南亚和非洲也有分布。

用途 全草入药，有健脾、消肿之功效，治消化不良、脾虚水肿等症；嫩叶是一种味美的野菜。

鳢肠

Eclipta prostrata (L.) L.

一年生草本。茎直立，斜升或平卧，高达60厘米，通常自基部分枝，被贴生糙毛。花期6—9月。

产地 永兴岛、赵述岛、东岛、晋卿岛、银屿。

生境 生于路旁草地、沙滩上。

分布 分布几遍全国，热带及亚热带地区广泛分布。

用途 全草入药，有凉血、止血、消肿、强壮之功效。

离药金腰箭

Eleutheranthera ruderalis (Sw.) Sch. Bip.

直立草本，高可达30厘米。茎具柔毛。叶柄长1 ~ 2厘米；叶片卵形，离基部3脉，两面短柔毛和具腺，基部钝，锐尖，或渐尖，边缘全缘或具齿，先端锐尖或渐尖。花序顶生，2 ~ 5个头状花序；花序梗纤细，具柔毛；小花2 ~ 6朵，约2.5毫米；花药黑色分离。瘦果棕色。

产地 赵述岛。

生境 生于路边荒地上。

分布 分布于我国海南、台湾，在中美洲和南美洲广泛分布，在非洲西部和澳大利亚也有分布。

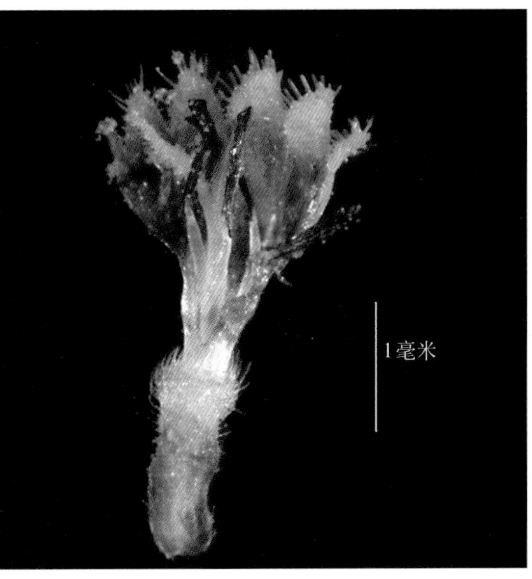

一点红

Emilia sonchifolia (L.) DC. ex Wight

一年生草本。根垂直。茎直立或斜升，高25 ~ 40厘米，稍弯，通常自基部分枝，灰绿色，无毛或被疏短毛。叶质较厚，下部叶密集，大头羽状分裂。花果期7—10月。

产地 赵述岛、西沙洲、永兴岛。

生境 生于路旁、菜园边。

分布 分布于我国云南、贵州、四川、湖北、湖南、江苏、浙江、安徽、广东、海南、福建、台湾，亚洲热带、亚热带地区和非洲广布。

用途 全草药用，可消炎、止痢，主治腮腺炎、乳腺炎、小儿疳积、皮肤湿疹等。

败酱叶菊芹

Erechtites valerianifolius (Link ex Sprengel) DC.

一年生草本。茎直立，高50 ~ 100厘米，不分枝或上部多分枝，具纵条纹，近无毛。叶具长柄，边缘有不规则的重锯齿或羽状深裂，裂片6 ~ 8对。

产地 永兴岛。

生境 生于草地阴湿处。

分布 分布于我国广东、海南、台湾，原产南美洲。

蔓茎栓果菊（匐枝栓果菊）

Launaea sarmentosa (Willd.) Sch. Bip. ex Kuntze

多年生匍匐草本。根垂直直伸，圆柱状，木质。自根颈发出长20 ~ 90厘米的匍匐茎，匐茎上有稀疏的节，节上生不定根及莲座状叶，全部植株光滑无毛。基生叶多数，莲座状，倒披针形。花果期6—12月。

产地 永兴岛、琛航岛、珊瑚岛。

生境 生于海滨沙地、空旷处。

分布 分布于我国海南，斯里兰卡、印度、埃及和非洲西部及中南半岛也有分布。

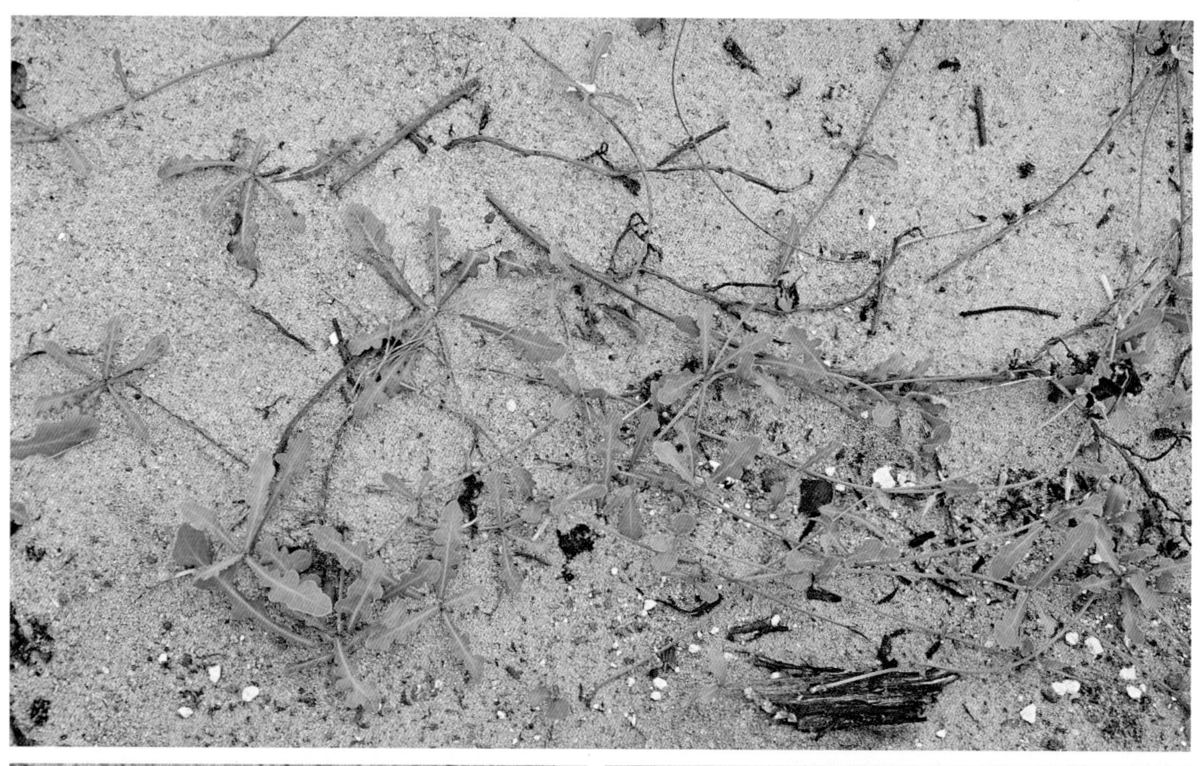

银胶菊

Parthenium hysterophorus L.

一年生草本。茎直立，高0.6～1米，基部直径约5毫米，多分枝，具条纹，被短柔毛，节间长2.5～5厘米。花期4—10月。

产地 永兴岛。

生境 生于路旁空旷处、草地上。

分布 分布于我国广东、广西、贵州、云南、海南，越南北部及美洲热带地区也有分布。

假臭草

Praxelis clematidea (Griseb.) R. M. King et H. Rob.

一年生草本，全株被长柔毛。茎直立，高0.3 ~ 1米，多分枝。叶对生。花果期全年。

产地　赵述岛、西沙洲、北岛、永兴岛、晋卿岛。

生境　生于海边沙地、草地、路旁等。

分布　分布于我国海南、香港及广东南部和福建厦门等地，原产南美洲。

苦苣菜

Sonchus oleraceus L.

一年生或二年生草本。根圆锥状，垂直直伸，有多数纤维状的须根。茎直立，单生，高40 ~ 150厘米，有纵条棱或条纹，不分枝或上部有短的伞房花序状或总状花序式分枝。花果期5—12月。

产地 永兴岛。

生境 生于海滩珊瑚沙地、灌丛空旷处。

分布 分布于我国大部分地区，全球几乎均有分布。

用途 全草入药，有祛湿、清热解毒的功效。

苣荬菜

Sonchus wightianus DC.

多年生草本。根垂直直伸，多少有根状茎。茎直立，高30 ~ 150厘米，有细条纹，上部或顶部有伞房状花序分枝，花序分枝与花序梗被稠密的头状具柄的腺毛。花果期1—9月。

产地 永兴岛。

生境 生于灌丛中潮湿地及墙角等地。

分布 分布于我国陕西、宁夏、新疆、福建、湖北、湖南、广西、四川、云南（昆明）、贵州、西藏，全球几乎均有分布。

美洲蟛蜞菊

Sphagneticola trilobata (L.) J. F. Pruski

多年生草本。茎横卧地面，呈匍匐性，茎长可达2米以上。叶对生，油亮肥厚。花期几乎全年。

产地 西沙洲、永兴岛、赵述岛、石岛、东岛、琛航岛、广金岛、金银岛、珊瑚岛、晋卿岛、银屿。

生境 生于疏林中、路边、海滩等。

分布 原产南美洲，我国南方广泛分布。

羽芒菊

Tridax procumbens L.

多年生铺地草本。茎纤细，平卧，节处常生多数不定根，长30～100厘米，基部直径约3毫米，略呈四方形，分枝，被倒向糙毛或脱毛，节间长4～9毫米。花期11月至翌年3月。

产地 赵述岛、北岛、永兴岛、石岛、东岛、中建岛、晋卿岛、琛航岛、广金岛、金银岛、甘泉岛、珊瑚岛、银屿。

生境 生于海边荒地、草地、海滩及路旁处。

分布 分布于我国台湾至东南部沿海各省份及其南部一些岛屿，印度、中南半岛、印度尼西亚及美洲热带地区也有分布。

夜香牛

Vernonia cinerea (L.) Less.

一年生或多年生草本，高20 ~ 100厘米。根垂直，多少木质，分枝，具纤维状根。茎直立，通常上部分枝，或稀自基部分枝而呈铺散状，具条纹，被灰色贴生短柔毛，具腺。花期全年。

产地 赵述岛、西沙洲、永兴岛、石岛、东岛、中建岛、琛航岛、金银岛、珊瑚岛、晋卿岛。

生境 生于荒地、路旁草地。

分布 分布于我国浙江、江西、福建、台湾、湖北、湖南、广东、广西、云南和四川等省份，印度至中南半岛、日本、印度尼西亚、非洲也有分布。

用途 全草入药，有疏风散热、拔毒消肿、安神镇静、消积化滞之功效，治感冒发热、神经衰弱、失眠、痢疾、跌打扭伤、蛇伤、乳腺炎、疮疖肿毒等。

咸虾花

Vernonia patula (Dryand.) Merr.

一年生粗壮草本，高30～90厘米。根垂直，具多数纤维状根。茎直立，基部茎4～5毫米，多分枝，枝圆柱形，开展，具明显条纹，被灰色短柔毛，具腺。花期7月至翌年5月。

产地　东岛。

生境　生于草地上。

分布　分布于我国福建、台湾、广东、广西、贵州及云南等省份，印度、中南半岛、菲律宾、印度尼西亚也有分布。

用途　全草药用，可发表散寒、清热止泻，治急性肠胃炎、风热感冒、头痛、疟疾等。

孪花蟛蜞菊

Wollastonia biflora (L.) DC.

攀援状草本。茎粗壮，长1～1.5米，基部直径约5毫米，分枝，无毛或被疏贴生的短糙毛，节间长5～14厘米。花期几乎全年。

产地 永兴岛、石岛、东岛、中建岛、晋卿岛、琛航岛、金银岛、甘泉岛、珊瑚岛、西沙洲、赵述岛、北岛、中岛、南岛、南沙洲。

生境 生于草地、林下或灌丛中，海岸沙地上也常见。

分布 分布于我国台湾、广西、云南、广东南部及其沿海岛屿等地，印度、印度尼西亚、马来西亚、菲律宾、日本及中南半岛、大洋洲也有分布。

用途 叶和花入药，有止痛、止泻的功效，可治疗痤疮、腹泻、胃痛；嫩叶可做菜。

黄鹌菜

Youngia japonica (L.) DC.

一年生草本，高10 ~ 100厘米。根垂直直伸，生多数须根。茎直立，单生或少数茎成簇生，粗壮或细，顶端伞房花序状分枝或下部有长分枝，下部被稀疏的皱波状长或短毛。花果期4—10月。

产地 永兴岛、晋卿岛。

生境 生于林缘、林下、林间草地及潮湿地上。

分布 分布于我国北京、陕西、甘肃、山东、江苏、安徽、浙江、江西、福建、河南、湖北、湖南、广东、广西、四川、云南、西藏等地，日本、朝鲜、印度、菲律宾及马来半岛也有分布。

草海桐科

Goodeniaceae

草海桐

Scaevola taccada (Gaertn.) Roxb.

直立或铺散灌木，有时枝上生根，或为小乔木，高可达7米。枝直径0.5～1厘米，中空，通常无毛，但叶腋里密生一簇白色须毛。叶螺旋状排列，大部分集中于分枝顶端，颇像海桐花。花果期4—12月。

产地 赵述岛、西沙洲、南沙洲、中沙洲、北沙洲、北岛、中岛、南岛、永兴岛、石岛、东岛、中建岛、晋卿岛、琛航岛、广金岛、筐仔北岛、金银岛、甘泉岛、珊瑚岛、银屿、鸭公岛。

生境 生于海边沙地上，是南海岛礁分布最广、面积最大的物种。

分布 分布于我国台湾、福建、广东、广西，日本、东南亚、马达加斯加及大洋洲热带地区等也有分布。

用途 防风固沙，改良珊瑚岛礁土壤，可作为人工岛的先锋植物。

紫草科
Boraginaceae

橙花破布木

Cordia subcordata Lam.

小乔木，高约3米，树皮黄褐色。小枝无毛。花果期6月。

产地 永兴岛、石岛、东岛、晋卿岛、琛航岛、金银岛、甘泉岛、珊瑚岛。

生境 生于沙地疏林。

分布 分布于我国海南，非洲东海岸、印度、越南及太平洋南部诸岛屿也有分布。

大尾摇

Heliotropium indicum L.

一年生草本，高20 ~ 50厘米。茎粗壮，直立，多分枝，被开展的糙伏毛。花果期4—10月。

产地　永兴岛。

生境　生于路边旱地上。

分布　分布于我国福建、海南、台湾及云南西南部，柬埔寨、印度、印度尼西亚、日本、老挝、马来西亚、缅甸、泰国、越南及非洲、北美洲、南美洲、太平洋岛屿也有分布。

用途　全草入药，有消肿解毒、排脓止疼之效，主治肺炎、多发性疖肿、睾丸炎及口腔糜烂等症。

银毛树

Tournefortia argentea L. f.

小乔木或灌木，高1 ~ 5米。小枝粗壮，密生锈色或白色柔毛。叶倒披针形或倒卵形，生小枝顶端。花果期4—6月。

产地　永兴岛、石岛、东岛、中建岛、晋卿岛、琛航岛、广金岛、筐仔北岛、金银岛、甘泉岛、珊瑚岛、鸭公岛、银屿、西沙洲、赵述岛、北岛、中岛、南岛、北沙洲、中沙洲、南沙洲。

生境　生于海边沙地。

分布　分布于我国海南、台湾，日本、越南及斯里兰卡也有分布。

用途　用于防风固沙，吹沙造岛绿化。

茄科
Solanaceae

苦蘵

Physalis angulata L.

一年生草本，被疏短柔毛或近无毛，高常30～50厘米。茎多分枝，分枝纤细。花果期5—12月。

产地 永兴岛、赵述岛、甘泉岛。

生境 生于路旁、海边沙地。

分布 分布于我国华东、华中、华南及西南，日本、印度、澳大利亚及美洲也有分布。

用途 全草入药，有清热、利尿、解毒、消肿的功效，主治感冒、肺热咳嗽、咽喉肿痛、牙龈肿痛、湿热黄疸、痢疾、水肿、热淋、天疱疮、疔疮。

小酸浆

Physalis minima L.

一年生草本。根细瘦。主轴短缩，顶端多二歧分枝，分枝披散而卧于地上或斜升，生短柔毛。

产地　永兴岛。

生境　生于杂草丛。

分布　分布于我国云南、广东、广西、江西、四川，全球广布。

少花龙葵

Solanum americanum Mill.

纤弱草本。茎无毛或近于无毛，高约1米。花果期几乎全年。

产地 永兴岛、东岛、晋卿岛、甘泉岛、珊瑚岛、赵述岛、北岛。

生境 生于荒地、疏林下、海滩沙地。

分布 分布于我国云南南部、江西、湖南、广西、广东、台湾等地，马来群岛也有分布。

用途 叶可供蔬食；有清凉散热的功效，可治喉痛。

海南茄

Solanum procumbens Lour.

灌木，高1 ~ 2米，直立或平卧，多分枝，小枝无毛，具黄土色基部宽扁的倒钩刺；嫩枝、叶下面、叶柄及花序柄均被分枝多、无柄或具短柄的星状短茸毛及小钩刺。花期春夏季，果期秋冬季。

产地 永兴岛、赵述岛。

生境 生于灌木丛中和草地上。

分布 分布于我国广东、广西、海南，越南、老挝也有分布。

野茄

Solanum undatum Lam.

直立草本至亚灌木，高0.5 ~ 2米。小枝、叶下面、叶柄、花序均密被5 ~ 9分枝的灰褐色星状茸毛。小枝圆柱形，褐色，幼时密被星状毛（渐老则逐渐脱落）及皮刺。上部叶常假双生，不相等。花期夏季，果期冬季。

产地 永兴岛。

生境 生于荒地中。

分布 分布于我国云南、广西、广东及台湾，阿富汗、印度、印度尼西亚、马来西亚、巴基斯坦、泰国、越南及非洲、亚洲西南部也有分布。

用途 果可食用，也可作砧木嫁接茄子。

旋花科
Convolvulaceae

土丁桂

Evolvulus alsinoides (L.) L.

多年生草本。茎少数至多数，平卧或上升，细长，具贴生的柔毛。花期5—9月。

产地 甘泉岛、永兴岛。

生境 生于草坡及路边。

分布 分布于我国长江以南地区，孟加拉国、柬埔寨、印度、印度尼西亚、老挝、马来西亚、缅甸、尼泊尔、巴基斯坦、菲律宾、泰国、越南及非洲均有分布。

用途 全草药用，有散瘀止痛、清湿热之功能，可治小儿结肠炎、消化不良、白带、支气管哮喘、咳嗽、跌打损伤、腰腿痛、痢疾、头晕目眩、泌尿系感染、血尿、蛇伤、眼膜炎等。

猪菜藤

Hewittia malabarica (L.) Suresh

缠绕或平卧草本。茎细长，直径1.5 ~ 3毫米，有细棱，被短柔毛，有时节上生根。

产地　永兴岛、晋卿岛。

生境　生于灌丛处。

分布　分布于我国台湾、广东、海南及广西西南部、云南南部，柬埔寨、印度、印度尼西亚、老挝、马来西亚、缅甸、巴布亚新几内亚、菲律宾、斯里兰卡、泰国、越南及非洲、北美洲（在牙买加归化）均有分布。

牵牛

Ipomoea nil (L.) Roth

一年生缠绕草本。茎上被倒向的短柔毛及杂有倒向或开展的长硬毛。叶宽卵形或近圆形，深或浅的3裂，偶5裂。

产地 永兴岛。

生境 生于灌丛、路边。

分布 原产热带美洲，现已广植于热带和亚热带地区，我国除西北和东北的一些省份外大部分地区都有分布。

用途 除栽培供观赏外，种子为常用中药，名丑牛子（云南）、黑丑、白丑、二丑（黑、白种子混合），入药多用黑丑，白丑较少用，有泻水利尿、逐痰、杀虫的功效。

小心叶薯（紫心牵牛）

Ipomoea obscura (L.) Ker Gawler

缠绕草本。茎纤细，圆柱形，有细棱，被柔毛或绵毛或有时近无毛。

产地 永兴岛、东岛、琛航岛、金银岛、珊瑚岛、北岛、晋卿岛。

生境 生于海边沙地、疏林或灌丛。

分布 分布于我国台湾、广东、海南、云南，柬埔寨、印度、印度尼西亚、老挝、马来西亚、缅甸、巴基斯坦、菲律宾、斯里兰卡、泰国、越南、澳大利亚及东非、太平洋岛屿均有分布。

厚藤

Ipomoea pes-caprae (L.) R. Brown

多年生草本，全株无毛。茎平卧，有时缠绕。叶肉质。

产地 永兴岛、石岛、东岛、盘石屿、中建岛、晋卿岛、琛航岛、广金岛、筐仔北岛、金银岛、甘泉岛、珊瑚岛、银屿、西沙洲、赵述岛、北岛、中岛、南岛、南沙洲。

生境 生于沙滩上及路边向阳处。

分布 分布于我国浙江、福建、台湾、广东、海南、广西，广布于热带沿海地区。

用途 茎、叶可作猪饲料；植株可作海滩固沙或覆盖植物；全草入药，有祛风除湿、拔毒消肿之效，治风湿性腰腿痛、腰肌劳损、疮疖肿痛等。

虎掌藤

Ipomoea pes-tigridis L.

一年生缠绕草本或有时平卧。茎具细棱，被开展的灰白色硬毛。

产地 永兴岛、珊瑚岛、北岛。

生境 生于海边沙地、灌丛中。

分布 分布于我国台湾、广东、广西南部、云南南部，亚洲热带地区、非洲及波利尼西亚也有分布。

管花薯（长管牵牛）

Ipomoea violacea L.

藤本，全株无毛。茎缠绕，木质化，圆柱形或具棱，干后淡黄色，有纵皱纹或有小瘤体。

产地 西沙洲、南沙洲、永兴岛、盘石屿、中建岛、晋卿岛、琛航岛、广金岛、金银岛、甘泉岛、珊瑚岛、鸭公岛、赵述岛、北岛、中岛、南岛、筐仔北岛。

生境 生于海滩灌丛、沙地，常见。

分布 分布于我国台湾、广东、海南，美洲热带地区、非洲东部和亚洲东南部均有分布。

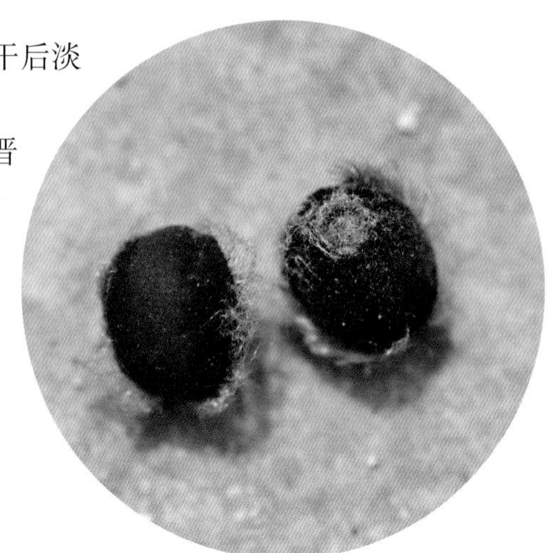

小牵牛

Jacquemontia paniculata (Burm. f.) Hall. f.

缠绕草本，长达25 ~ 200厘米。茎圆柱形，细长，被柔毛，老枝近于无毛。

产地 永兴岛。

生境 生于灌丛草地或路旁。

分布 分布于我国广东、广西、海南、台湾、云南，柬埔寨、印度、印度尼西亚、老挝、马来西亚、缅甸、新几内亚、菲律宾、斯里兰卡、泰国、越南、澳大利亚及非洲、太平洋岛屿均有分布。

地旋花（尖萼鱼黄草）

Xenostegia tridentata (L.) D. F. Austin et Staples

平卧或攀援草本。茎细长，具细棱以至近于具狭翅，近无毛或幼枝被短柔毛。

产地 北岛、永兴岛。

生境 生于海边沙地、路旁或疏林中。

分布 分布于我国台湾、海南、广东、广西、云南，东非，亚洲热带地区自印度、斯里兰卡，经马来半岛至热带大洋洲均有分布。

假马齿苋

Bacopa monnieri (L.) Pennell

匍匐草本，节上生根，多少肉质，无毛，体态极像马齿苋。花期5—10月。

产地 赵述岛。

生境 生于路边阴湿地。

分布 分布于我国台湾、福建、广东、云南，全球热带广布。

用途 药用，有消肿之效。

长蒴母草

Lindernia anagallis (Burm. f.) Pennell

一年生草本，长10 ~ 40厘米，根须状。茎始简单，不久即分枝，下部匍匐长蔓，节上生根，并有根状茎，有条纹，无毛。花期4—9月，果期6—11月。

产地　永兴岛。

生境　生于草坡低洼较湿润处。

分布　分布于我国四川、云南、贵州、广西、广东、湖南、江西、福建、台湾等省份，亚洲东南部也有分布。

用途　全草可药用。

母草

Lindernia crustacea (L.) F. Muell

草本，根须状；高10 ～ 20厘米，常铺散成密丛，多分枝，枝弯曲上升，微方形有深沟纹，无毛。花果期全年。

产地 永兴岛。

生境 生于草地低洼潮湿处。

分布 分布于我国浙江、江苏、安徽、江西、福建、台湾、广东、海南、广西、云南、西藏、四川、贵州、湖南、湖北、河南等省份，广布于热带和亚热带地区。

用途 全草可药用。

野甘草

Scoparia dulcis L.

直立草本或为半灌木状，高可达100厘米。茎多分枝，枝有棱角及狭翅，无毛。叶对生或轮生。

产地　北岛、永兴岛、晋卿岛。

生境　生于荒地、路旁。

分布　分布于我国广东、广西、云南、福建，原产美洲热带地区，现已广布于热带地区。

用途　全草入药，有降血糖、降血压、抗病毒和抗肿瘤等功效。

独脚金

Striga asiatica (L.) Kuntze

一年生半寄生草本，株高10 ~ 20（30）厘米，直立，全体被刚毛。茎单生，少分枝。叶较狭窄仅基部的为狭披针形，其余的为条形，长0.5 ~ 2厘米，有时鳞片状。花期4—9月。

产地　赵述岛。

生境　生于草坪地上，寄生于细叶结缕草根。

分布　分布于我国云南、贵州、广西、广东、海南、湖南、江西、福建、台湾，亚洲热带和非洲热带地区也有分布。

用途　全草药用，为治小儿疳积良药。

爵床科
Acanthaceae

宽叶十万错

Asystasia gangetica (L.) T. Anders.

多年生草本，外倾。叶具叶柄，椭圆形，基部急尖，钝，圆或近心形，几乎全缘，两面稀疏被短毛，上面钟乳体点状。总状花序顶生，花序轴四棱，棱上被毛，花偏向一侧。

产地 永兴岛。

生境 生于林缘、房屋前后。

分布 分布于我国广东、云南等地，越南、老挝、柬埔寨、缅甸、泰国、印度、马来西亚等国家也有分布。

用途 嫩叶可做菜；全草入药，具有清热解毒的功效，可治血热引起的牙龈肿痛、出血。

小花宽叶十万错

Asystasia gangetica (L.) T. Anders. subsp. *micrantha* (Nees) Ensermu

多年生草本。花较小，花冠长1.2 ~ 1.5厘米，下唇的中部裂片稍反折。

产地 永兴岛。

生境 生于林缘、路边灌丛中。

分布 我国广东、海南和台湾有归化，非洲、亚洲西南部及印度洋岛屿有分布。

马鞭草科

Verbenaceae

大青

Clerodendrum cyrtophyllum Turcz.

灌木或小乔木，高1 ~ 10米。幼枝被短柔毛，枝黄褐色，髓坚实；冬芽圆锥状，芽鳞褐色，被毛。花果期6月至翌年2月。

产地 永兴岛。

生境 生于路边灌丛中。

分布 分布于我国华东、中南、西南（四川除外）地区，朝鲜、越南和马来西亚也有分布。

用途 根、叶有清热、泻火、利尿、凉血、解毒的功效，常用于外感热病、热盛烦渴、咽喉肿痛、口疮、黄疸、热毒痢、急性肠炎、痈疽肿毒、衄血、血淋、外伤出血。

苦郎树（许树）

Clerodendrum inerme (L.) Gaertn.

攀援状灌木，直立或平卧，高可达2米。根、茎、叶有苦味；幼枝四棱形，黄灰色，被短柔毛；小枝髓坚实。花果期3—12月。

产地 永兴岛、甘泉岛、珊瑚岛。

生境 生于海岸沙滩和潮汐能至的地方。

分布 分布于我国福建、台湾、广东、广西，印度、东南亚至大洋洲北部也有分布。

用途 可为我国南部沿海防沙造林树种；木材可作火柴杆；根入药，有清热解毒、散瘀除湿、舒筋活络的功效；枝叶有毒。

马缨丹

Lantana camara L.

直立或蔓性灌木，高1～2米，有时藤状，长达4米。茎枝均呈四方形，有短柔毛，通常有短而倒钩状刺。单叶对生，揉烂后有强烈的气味。花期全年。

产地 永兴岛、东岛、晋卿岛、琛航岛、金银岛、甘泉岛、珊瑚岛、赵述岛。

生境 生于海边沙滩和荒地。

分布 分布于我国海南、台湾、福建、广东、广西，原产美洲热带地区，热带地区均有分布。

用途 花美丽，我国各地庭园常栽培供观赏；根、叶、花作药用，有清热解毒、散结止痛、祛风止痒之效，可治疟疾、肺结核、颈淋巴结核、腮腺炎、胃痛、风湿骨痛等。

过江藤

Phyla nodiflora (L.) Greene

多年生草本，有木质宿根，多分枝，全体有紧贴丁字状短毛。花果期6—10月。

产地 永兴岛、石岛、东岛、甘泉岛、珊瑚岛、赵述岛。

生境 生于海滩沙地、草坡。

分布 分布于我国江苏、江西、湖北、湖南、福建、台湾、广东、四川、贵州、云南及西藏，热带和亚热带地区均有分布。

用途 全草入药，能破瘀生新、通利小便，治咳嗽、吐血、通淋、痢疾、牙痛、疖毒、枕痛、带状疱疹及跌打损伤等，孕妇忌服。

伞序臭黄荆

Premna serratifolia L.

直立灌木至乔木，偶攀援，高3～8米。枝条有椭圆形黄白色皮孔，幼枝密生柔毛，老后毛变稀疏。花果期4—10月。

产地 东岛。

生境 生于海边灌丛中、海边珊瑚石旁。

分布 分布于我国台湾、广西、广东、海南，印度沿海地区、斯里兰卡、马来西亚至南太平洋诸岛也有分布。

假马鞭

Stachytarpheta jamaicensis (L.) Vahl

多年生粗壮草本或亚灌木，高0.6 ~ 2米。幼枝近四方形，疏生短毛。花期8月，果期9—12月。

产地 赵述岛、西沙洲、北岛、永兴岛、石岛、东岛、中建岛、晋卿岛、琛航岛、广金岛、金银岛、甘泉岛、珊瑚岛、银屿。

生境 生于路边荒地、草地上。

分布 分布于我国福建、广东、广西和云南南部，原产中南美洲，东南亚广泛分布。

用途 全草药用，有清热解毒、利水通淋之效，可治尿路结石、尿路感染、风湿筋骨痛、喉炎、急性结膜炎、痈疖肿痛等；作兽药治牛猪疮疖肿毒、咳喘、下痢。

单叶蔓荆

Vitex rotundifolia L. f.

落叶灌木，罕为小乔木，高1.5 ~ 5米，有香味。小枝四棱形，密生细柔毛；茎匍匐，节处常生不定根。花期7—8月，果期8—10月。

产地 永兴岛、珊瑚岛、银屿、甘泉岛。

生境 生于海边沙滩。

分布 分布于我国辽宁、河北、山东、江苏、安徽、浙江、江西、福建、台湾、广东，日本、印度、缅甸、泰国、越南、马来西亚、澳大利亚、新西兰也有分布。

用途 干燥成熟果实供药用，可疏散风热，治头痛、眩晕、目痛及湿痹拘挛。

山香

Hyptis suaveolens (L.) Poit.

一年生、直立、粗壮、多分枝草本，揉之有香气。茎高60 ~ 160厘米，钝四棱形，具四槽，被平展刚毛。花果期一年四季。

产地 永兴岛。

生境 生于荒地上。

分布 分布于我国广西、广东、福建及台湾，原产美洲热带地区，现广布于热带地区。

用途 全草入药，内服或外用，治赤白痢、乳腺炎、痈疽、感冒发烧、头痛、胃肠胀气、风湿骨痛、蜈蚣及蛇咬伤、刀伤出血、跌打肿痛、烂疮、皮肤瘙痒、皮炎及湿疹等症。

益母草

Leonurus japonicus Houtt.

一年生或二年生草本，有于其上密生须根的主根。茎直立，通常高30～120厘米，钝四棱形，微具槽，有倒向糙伏毛。花期通常在6—9月，果期9—10月。

产地 永兴岛、赵述岛。

生境 生于房屋后向阳处、墙角。

分布 分布于我国各地，俄罗斯、朝鲜、日本及亚洲热带地区、非洲和美洲各地有分布。

用途 全草入药，具有活血调经、利尿消肿、清热解毒之功效，用于月经不调、痛经、经闭、恶露不尽、水肿尿少、疮疡肿毒。

蜂巢草

Leucas aspera (Willd.) Link

一年生草本，直立或披散，高20～40厘米。茎四棱形，具沟槽，有刚毛，常常多分枝。花果期一年四季。

产地 永兴岛。

生境 生于空旷潮湿草地。

分布 分布于我国广东、广西、海南，印度、印度尼西亚、马来西亚、菲律宾、泰国也有分布。

用途 全草入药，可解表、止咳、通经、明目，治感冒、咳嗽、哮喘、百日咳、闭经、夜盲症、疥癣。

疏毛白绒草

Leucas mollissima Wall. var. *chinensis* Benth.

直立草本，高通常在0.5米左右。茎纤细，扭曲，多分枝，四棱形。萼齿5长5短，稍尖而长。花期5—10月，花后见果。

产地 晋卿岛。

生境 生于灌丛向阳处或干燥草地上。

分布 分布于我国福建、广东、贵州、湖北、湖南、四川、台湾、云南，日本也有分布。

用途 全草入药，研成粉末，冲开水服，有驱寒发表之功效，外用又可以洗疮毒。

圣罗勒

Ocimum sanctum L.

半灌木，高达1米。茎直立，基部木质，近圆柱形，具条纹，有平展的疏柔毛，多分枝。花期2—6月，果期3—8月。

产地 永兴岛。

生境 生于干燥沙质草地上。

分布 分布于我国海南、台湾、四川，自北非经西亚、印度、中南半岛和马来西亚、印度尼西亚、菲律宾至澳大利亚也有分布。

用途 全草入药，具有止痛、平喘之功效，用于治疗呼吸道感染，如感冒、咳嗽、气管炎、止喘和胸膜炎。叶可作调味品及代茶用。

被子植物门

Angiospermae

单子叶植物纲 Monocotyledoneae

水鳖科

Hydrocharitaceae

喜盐草

Halophila ovalis (R. Br.) Hook. f.

多年生海草。茎匍匐，细长，易折断，节间长1 ~ 5厘米，直径约1毫米，每节生细根1条，鳞片两枚。叶2枚，自鳞片腋部生出。花期11—12月。

产地 银屿、西沙洲。

生境 生于浅海。

分布 分布于我国台湾、海南等省份及广东沿海岛屿，广布于红海至印度洋、西太平洋沿海。

泰来藻

Thalassia hemprichii (Ehrenb. ex Solms) Asch.

多年生海水草本。根具有纵裂气道。根状茎长，横走，有明显的节与节间，并有数条不定根，在节上长出直立茎；直立茎节密集呈环纹状。叶带形略呈镰状弯曲，基部具膜质鞘，鞘常残留在茎上。雌雄异株。

产地 西沙洲、南沙洲、北岛、晋卿岛。

生境 生于高潮带及中潮带的沙质海滩上。

分布 分布于我国海南、台湾，印度、印度尼西亚、日本、马来西亚、缅甸、新几内亚、菲律宾、斯里兰卡、泰国、越南，红海至印度洋及西太平洋均有分布。

用途 幼嫩叶片及果实为海生动物及鱼类喜食之物。

鸭跖草科

Commelinaceae

饭包草

Commelina benghalensis L.

多年生披散草本。茎大部分匍匐，节上生根，上部及分枝上部上升，长可达70厘米，被疏柔毛。花期夏秋季。

产地 永兴岛、石岛、珊瑚岛。

生境 生于杂草丛及菜园等地。

分布 分布于我国大部分地区，亚洲和非洲的热带、亚热带地区广布。

用途 药用，有清热解毒、消肿利尿之效。

节节草

Commelina diffusa Burm. f.

一年生披散草本。茎匍匐；节上生根，长可达1米余，多分枝，有的每节有分枝，无毛或有一列短硬毛，或全面被短硬毛。花果期5—11月。

产地 永兴岛。

生境 生于草坪、房屋杂草丛、水沟等地。

分布 分布于我国西藏南部（墨脱）、云南东南部及贵州、广西、广东、台湾和海南，广布于热带、亚热带地区。

用途 药用，能消热、散毒、利尿；花汁可作青碧色颜料，用于绘画。

百合科

Liliaceae

天门冬

Asparagus cochinchinensis (Lour.) Merr.

攀援植物。根在中部或近末端成纺锤状膨大，膨大部分长3 ~ 5厘米，粗1 ~ 2厘米。茎平滑，常弯曲或扭曲，长可达1 ~ 2米，分枝具棱或狭翅。花期5—6月，果期8—10月。

产地 永兴岛。

生境 生于林下及路边杂草丛。

分布 分布于我国河北、山西、陕西、甘肃等省南部，华东、中南、西南地区；朝鲜、日本、老挝和越南也有分布。

用途 块根是常用的中药，有滋阴润燥、清火止咳之效。

露兜树

Pandanus tectorius Parkinson ex Du Roi

常绿分枝灌木或小乔木，常左右扭曲，具多分枝或不分枝的气根。叶簇生于枝顶。花期1—5月。

产地 永兴岛、广金岛、甘泉岛、珊瑚岛、赵述岛、西沙洲。

生境 生于海边沙地。

分布 分布于我国福建、台湾、广东、海南、广西、贵州和云南等省份，亚洲热带地区、澳大利亚南部也有分布。

用途 叶纤维可编制席、帽等工艺品；嫩芽可食；根与果实入药，有治感冒发热、肾炎、水肿、腰腿痛、疝气痛等功效；鲜花可提取芳香油。

兰科
Orchidaceae

美冠兰

Eulophia graminea Lindl.

假鳞茎卵球形、圆锥形、长圆形或近球形，长3 ~ 7厘米，直径2 ~ 4厘米，直立，常带绿色，多少露出地面，上部有数节，有时多个假鳞茎聚生成簇团，直径达20 ~ 30厘米。叶3 ~ 5枚，在花全部凋萎后出现。花期4—5月，果期5—6月。

产地 永兴岛。

生境 生于海边草地上及海边沙滩疏林中。

分布 分布于我国安徽、台湾、广东、香港、海南、广西、贵州和云南，尼泊尔、印度、斯里兰卡、越南、老挝、缅甸、泰国、马来西亚、新加坡、印度尼西亚等国家也有分布。

莎草科

Cyperaceae

扁穗莎草

Cyperus compressus L.

丛生草本。根为须根。秆稍纤细，高5～25厘米，锐三棱形，基部具较多叶。花果期7—12月。

产地 永兴岛、北岛、东岛、琛航岛、金银岛。

生境 生于海边沙滩上。

分布 分布于我国江苏、浙江、安徽、江西、湖南、湖北、四川、贵州、福建、广东、海南、台湾，喜马拉雅山区及印度、越南、日本也有分布。

砖子苗

Cyperus cyperoides (L.) Kuntze

根状茎短；秆疏丛生，高10 ~ 50厘米，锐三棱形，平滑，基部膨大，具稍多叶。花果期4—10月。

产地 永兴岛。

生境 生于路旁草地。

分布 分布于我国陕西、湖北、湖南、江苏、浙江、安徽、江西、福建、台湾、广东、海南、广西、贵州、云南、四川，非洲、印度、尼泊尔、马来西亚、印度尼西亚、缅甸、越南、菲律宾、朝鲜、日本、大洋洲和热带美洲以及喜马拉雅山区均有分布。

疏穗莎草（疏颖莎草）

Cyperus distans L. f.

根状茎短，具根出苗；秆稍粗壮，高35～110厘米，扁三棱形，平滑，基部稍膨大。花果期7—8月。

产地 永兴岛。

生境 生于路边草丛。

分布 分布于我国广西、广东、海南、云南等省份，尼泊尔、斯里兰卡、印度、缅甸、越南、菲律宾以及非洲、大洋洲热带地区、美洲沿大西洋区域也有分布。

羽状穗砖子苗

Cyperus javanicus Houtt.

根状茎粗短，木质；秆散生，粗壮，高35 ~ 105厘米，钝三棱形，在扩大镜下可见到微小的乳头状突起，下部具叶，基部膨大。花果期6—7月。

产地 永兴岛、石岛、东岛、甘泉岛、赵述岛。

生境 生于盐碱湿地。

分布 分布于我国海南，非洲、缅甸、马来西亚、菲律宾至热带大洋洲也有分布。

香附子

Cyperus rotundus L.

匍匐根状茎长，具椭圆形块茎；秆稍细弱，高15 ~ 95厘米，锐三棱形，平滑，基部呈块茎状。花果期5—11月。

产地 永兴岛、石岛、东岛、中建岛、琛航岛、金银岛、甘泉岛、珊瑚岛、北岛、赵述岛。

生境 生于海边沙土、草坡及菜园潮湿处。

分布 分布于我国陕西、甘肃、山西、河南、河北、山东、江苏、浙江、江西、安徽、云南、贵州、四川、福建、广东、广西、台湾等省份，全球广布。

用途 其块茎名为香附子，可供药用，除能作健胃药外，还可以治疗乳房胀痛、月经不调、经闭、痛经等。

粗根茎莎草

Cyperus stoloniferus Retz.

根状茎长而粗，木质化具块茎；秆高8 ~ 20厘米，钝三棱形，平滑，基部叶鞘通常分裂成纤维状。花果期7月。

产地 北岛、永兴岛、晋卿岛、甘泉岛。

生境 生于海滩沙地上。

分布 分布于我国福建、广东、海南、台湾，柬埔寨、印度、印度尼西亚、日本、老挝、马来西亚、缅甸、巴基斯坦、巴布亚新几内亚、菲律宾、斯里兰卡、泰国、越南以及澳大利亚东北部、印度洋岛屿、太平洋岛屿也有分布。

佛焰苞飘拂草

Fimbristylis cymosa (Lam.) R. Br. var. *spathacea* (Roth) T. Koyama

根状茎短，无匍匐根状茎；秆上部细，高10 ~ 60厘米，扁钝三棱形，基部粗，生多数叶。花果期6—9月。

产地 北岛、永兴岛、赵述岛、东岛、晋卿岛、琛航岛、广金岛、甘泉岛、中沙洲、南沙洲。

生境 生于海滩沙地。

分布 分布于我国福建、广东、广西、海南、台湾、浙江，印度、日本、老挝、马来西亚、斯里兰卡、泰国、越南及非洲部分地区也有分布。

两歧飘拂草

Fimbristylis dichotoma (L.) Vahl

秆丛生，高15 ~ 50厘米，无毛或被疏柔毛。花果期7—10月。

产地　永兴岛。

生境　生于草地上。

分布　分布于我国云南、四川、广东、广西、福建、台湾、贵州、江苏、江西、浙江、河北、山东、山西及东北地区，印度、中南半岛及大洋洲、非洲等地也有分布。

锈鳞飘拂草

Fimbristylis sieboldii Miq. ex Franch. et Sav.

根状茎短，木质，水平生长；秆丛生，细而坚挺，高20 ~ 65厘米，扁三棱形，平滑，灰绿色，基部稍膨大，具少数叶。花果期6—8月。

产地 永兴岛、石岛、东岛、晋卿岛、琛航岛、广金岛、甘泉岛、珊瑚岛。

生境 生于海边盐沼地。

分布 分布于我国福建、台湾、广东、海南，印度及全球温暖地区的沿海地方也有分布。

水蜈蚣（多叶水蜈蚣）

Kyllinga polyphylla Kunth

多年生草本。根状茎粗，匍匐生长，节间短；秆分散，25 ~ 90厘米高。花果期7—10月。

产地 永兴岛。

生境 生于草地上。

分布 分布于我国香港、台湾、海南，非洲热带地区、印度洋岛屿及其马达加斯加也有分布，在美洲热带地区、亚洲、太平洋岛屿及澳大利亚归化。

短叶水蜈蚣

Kyllinga brevifolia Rottb.

根状茎长而匍匐，外被膜质、褐色的鳞片，具多数节间，节间长约1.5厘米，每一节上长一秆；秆成列地散生，细弱，高7～20厘米，扁三棱形，平滑，基部不膨大，具4～5个圆筒状叶鞘，最下面2个叶鞘常为干膜质，棕色，鞘口斜截形，顶端渐尖，上面2～3个叶鞘顶端具叶片。花果期5—9月。

产地 永兴岛。

生境 生于路旁草丛中和海边沙滩上。

分布 分布于我国湖北、湖南、贵州、四川、云南、安徽、浙江、江西、福建、广东、海南、广西，印度、缅甸、越南、马来西亚、印度尼西亚、菲律宾、日本及大洋洲、美洲和非洲西部热带地区等地亦有分布。

用途 全草入药，可疏风解表、清热利湿、止咳化痰、祛瘀消肿，治感冒风寒、寒热头痛、筋骨疼痛、咳嗽、疟疾、黄疸、痢疾、疮疡肿毒、跌打刀伤。

多穗扁莎（多枝扁莎）

Pycreus polystachyos (Rottb.) P. Beauv.

根状茎短，具许多须根；秆密丛生，高15 ~ 60厘米，扁三棱形，坚挺，平滑。花果期5—10月。

产地　永兴岛。

生境　生于海边沙土上或有时生于盐沼泽边上。

分布　分布于我国福建、台湾、广东、海南，印度、越南、朝鲜、日本也广泛分布。

海滨莎

Remirea maritima Aubl.

秆高6 ~ 13毫米，有纵槽，几乎三棱形，无毛。花果期9—12月。

产地 西沙洲。

生境 生于海边沙地上。

分布 分布于我国广东、海南、台湾，全球热带海边均有分布。

用途 固沙。

臭虫草

Alloteropsis cimicina (L.) Stapf

一年生草本。秆下部横卧地面，节处生根，直立部分高约60厘米。花期9月。

产地 永兴岛。

生境 生于路边草地。

分布 分布于我国海南，非洲热带地区及印度、缅甸、越南至大洋洲也有分布。

白羊草

Bothriochloa ischaemum (L.) Keng

多年生草本。秆丛生，直立或基部倾斜，高25 ~ 70厘米，直径1 ~ 2毫米，具3至多节，节上无毛或具白色髯毛。花果期秋季。

产地 永兴岛、赵述岛。

生境 生于草地和荒地上。

分布 分布几遍全国，亚热带和温带地区也有分布。

用途 可作牧草；根可制成刷子。

多枝臂形草

Brachiaria ramosa (L.) Stapf

一年生草本。秆高30 ~ 60厘米，基部倾斜，节被柔毛，下部节上生根。花果期夏秋季。

产地 北岛、永兴岛、晋卿岛。

生境 生于杂草地上。

分布 分布于我国海南、云南，印度和马来西亚至非洲有分布。

四生臂形草

Brachiaria subquadripara (Trin.) Hitchc.

一年生草本。秆高20～60厘米，纤细，下部平卧地面，节上生根，节膨大而生柔毛，节间具狭糟。花果期9—11月。

产地 永兴岛、东岛、中建岛、晋卿岛、珊瑚岛、赵述岛、西沙洲、北岛、银屿、晋卿岛。

生境 生于路边、树林下或沙丘上。

分布 分布于我国江西、湖南、贵州、福建、台湾、广东、海南、广西，亚洲热带地区和大洋洲也有分布。

蒺藜草

Cenchrus echinatus L.

一年生草本。须根较粗壮。秆高约50厘米，基部膝曲或横卧地面而于节处生根，下部节间短且常具分枝。花果期夏季。

产地 永兴岛、东岛、西沙洲。

生境 生于海边的沙质土草地上。

分布 分布于我国海南、台湾及云南南部，日本、印度、缅甸、巴基斯坦也有分布。

台湾虎尾草

Chloris formosana (Honda) Keng ex B. S. Sun et Z. H. Hu

一年生草本。秆直立或基部伏卧地面而于节处生根并分枝；高20 ~ 70厘米，直径约3毫米，光滑无毛。花果期8—10月。

产地 永兴岛、东岛、中建岛、金银岛、珊瑚岛、北岛、晋卿岛。

生境 生于海边沙地，常见。

分布 分布于我国福建、台湾、广东、海南，越南也有分布。

竹节草（粘人草）

Chrysopogon aciculatus (Retz.) Trin.

多年生草本，具根茎和匍匐茎；秆的基部常膝曲，直立部分高20 ~ 50厘米。花果期6—10月。

产地 永兴岛、赵述岛。

生境 生于海边。

分布 分布于我国广东、广西、云南、台湾，亚洲和大洋洲的热带地区也有分布。

用途 可作水土保持植物，绿化草坪。

狗牙根

Cynodon dactylon (L.) Pers.

低矮草本，具根茎；秆细而坚韧，下部匍匐地面蔓延甚长，节上常生不定根，直立部分高10 ~ 30厘米，直径1 ~ 1.5毫米，秆壁厚，光滑无毛，有时略两侧压扁。花果期5—10月。

产地 永兴岛、东岛、中建岛、北岛、西沙洲、赵述岛、晋卿岛、银屿。

生境 生于海边沙地上。

分布 分布于我国黄河以南各地，全球温暖地区均有分布。

用途 为良好的固堤保土植物，常用以铺建草坪或球场；根茎可喂猪，牛、马、兔、鸡等喜食其叶；全草可入药，有清血、解热、生肌之效。

龙爪茅

Dactyloctenium aegyptium (L.) Willd.

一年生草本。秆直立，高15 ~ 60厘米，或基部横卧地面，于节处生根且分枝。花果期5—10月。

产地 永兴岛、石岛、东岛、中建岛、金银岛、甘泉岛、珊瑚岛、赵述岛、北岛、晋卿岛、银屿。

生境 生于路边及草地上。

分布 分布于我国华东、华南和中南等地区，热带及亚热带地区均有分布。

异马唐

Digitaria bicornis (Lam.) Roem. et Schult.

一年生草本。秆下部匍匐，节上生根，高30～60厘米。花果期5—9月。

产地　晋卿岛。

生境　生于海滩边沙地上。

分布　分布于我国福建（厦门）及海南，印度、缅甸、马来西亚等国家也有分布，非洲较少。

毛马唐

Digitaria ciliaris (Retz.) Koeler var. *chrysoblephara* (Figari et De Notaris) R. R. Stewart

一年生草本。秆基部倾卧，着土后节易生根，具分枝，高30 ~ 100厘米。花果期6—10月。

产地 永兴岛、中建岛、金银岛、银屿。

生境 生于路旁沙土中。

分布 分布于我国黑龙江、吉林、辽宁、河北、山西、河南、甘肃、陕西、四川、安徽及江苏等省份，亚热带和温带地区也有分布。

用途 可作牧草。

二型马唐

Digitaria heterantha (Hook. f.) Merr.

一年生草本。秆较粗壮，直立部分高50 ~ 100厘米，下部匍匐地面，节上生根并分枝。花果期6—10月。

产地 永兴岛、赵述岛、石岛、金银岛、晋卿岛。

生境 生于海滩沙地、草地上。

分布 分布于我国台湾、福建、广东等省份，印度、斯里兰卡、越南、马来西亚、印度尼西亚等亚洲热带地区均有分布。

长花马唐

Digitaria longiflora (Retz.) Pers.

多年生草本。具长匍匐茎，其节间长1～2厘米，节处生根及分枝；秆直立部分高10～40厘米，纤细，无毛。花果期4—10月。

产地 晋卿岛、筐仔北岛。

生境 生于树头周边及沙滩上。

分布 分布于我国海南、广西、福建、台湾、江西、湖南、四川、贵州、云南，东半球热带、亚热带及印度至俄罗斯南部均有分布，并已侵入北美热带地区。

红尾翎

Digitaria radicosa (J. Presl) Miq.

一年生草本。秆匍匐地面，下部节生根，直立部分高30 ~ 50厘米。花果期夏秋季。

产地 永兴岛、晋卿岛、琛航岛、广金岛。

生境 生于沙地上。

分布 分布于我国台湾、福建、海南和云南，东半球热带地区及印度、缅甸、菲律宾、马来西亚、印度尼西亚至大洋洲均有分布。

用途 可作牧草。

海南马唐（短颖马唐）

Digitaria setigera Roth ex Roem. et Schult.

多年生草本。秆基部横卧地面，节上生根，高达1米，具多数节，无毛。花果期6—10月。

产地 永兴岛、赵述岛、北岛、晋卿岛。

生境 生于杂草丛。

分布 分布于我国福建、台湾、云南、广西、广东等省份，亚洲热带地区有分布。

用途 可作牧草。

光头稗

Echinochloa colona (L.) Link

一年生草本。秆直立，高10 ～ 60厘米。花果期夏秋季。

产地　永兴岛、赵述岛、筐仔北岛。

生境　生于田野、园圃、路边湿润地上。

分布　分布于我国河北、河南、安徽、江苏、浙江、江西、湖北、四川、贵州、福建、广东、广西、云南及西藏墨脱，广布于全球温暖地区。

用途　可作饲料。

牛筋草

Eleusine indica (L.) Gaertn.

一年生草本。根系极发达。秆丛生，基部倾斜，高10 ~ 90厘米。花果期6—10月。

产地 永兴岛、石岛、东岛、中建岛、琛航岛、金银岛、珊瑚岛、赵述岛、北岛、晋卿岛、银屿、筐仔北岛。

生境 生于道路旁排水沟、湿地等处。

分布 分布几遍全国，广布于温带和热带地区。

用途 本种根系极发达，秆叶强韧，全株可作饲料，又为优良保土植物；全草煎水服，可防治乙型脑炎。

肠须草

Enteropogon dolichostachyus (Lag.) Keng ex Lazarides

多年生草本。秆直立或基部斜倚，高0.3 ~ 1米，光滑无毛，稍压扁。花果期8—10月。

产地 赵述岛。

生境 生于草地或海边。

分布 分布于我国台湾、海南及云南南部等地，阿富汗、不丹、印度、印度尼西亚、马来西亚、缅甸、尼泊尔、巴布亚新几内亚、巴基斯坦、菲律宾、斯里兰卡、泰国和澳大利亚也有分布。

长画眉草

Eragrostis brownii (Kunth) Nees

多年生草本。秆纤细，丛生，直立或基部稍膝曲，高15～50厘米，直径0.5～1毫米，具3～5节，基部节上常有分枝。春季抽穗。

产地 永兴岛、北岛。

生境 生于草地、路旁等。

分布 分布于我国华东、华南、西南等地，东南亚、大洋洲各地也有分布。

画眉草

Eragrostis pilosa (L.) P. Beauv.

一年生草本。秆丛生，直立或基部膝曲，高15～60厘米，直径1.5～2.5毫米，通常具4节，光滑。花果期8—11月。

产地 永兴岛。

生境 生于路边沙石地。

分布 分布几遍全国，全球温暖地区均有分布。

用途 为优良饲料，药用治跌打损伤。

鲫鱼草

Eragrostis tenella (L.) P. Beauv. ex Roem. et Schult.

一年生草本。秆纤细，高15 ~ 60厘米，直立或基部膝曲，或呈匍匐状，具3 ~ 4节，有条纹。花果期4—8月。

产地 东岛、永兴岛、赵述岛、晋卿岛、琛航岛、金银岛、珊瑚岛。

生境 生于田野或荫蔽之处。

分布 分布于我国湖北、福建、台湾、广东、广西等省份，广布于东半球热带地区。

用途 可作牧草；全草入药，可清热凉血。

高野黍

Eriochloa procera (Retz.) C. E. Hubb.

一年生草本。秆丛生，高30 ~ 150厘米，直立，具分枝，节被微毛。秋季抽穗。

产地 永兴岛、甘泉岛、赵述岛、晋卿岛。

生境 生于荒沙地上。

分布 分布于我国福建、广东、海南、台湾，广布于东半球热带地区。

用途 可作牧草。

白茅

Imperata cylindrica (L.) P. Beauv.

多年生草本，具粗壮的长根状茎。秆直立，高30 ~ 80厘米，具1 ~ 3节，节无毛。花果期4—6月。

产地 赵述岛、西沙洲、永兴岛。

生境 生于海滩沙地、路边旱地。

分布 分布于我国辽宁、河北、山西、山东、陕西、新疆等北方地区，也分布于伊拉克、伊朗及地中海区域。

千金子

Leptochloa chinensis (L.) Nees

一年生草本。秆直立，基部膝曲或倾斜，高30 ~ 90厘米，平滑无毛。花果期8—11月。

产地 永兴岛。

生境 生于路边草地。

分布 分布于我国陕西、山东、江苏、安徽、浙江、台湾、福建、江西、湖北、湖南、四川、云南、广西、广东等省份，亚洲东南部也有分布。

用途 可作牧草。

细穗草

Lepturus repens (G. Forst.) R. Br.

多年生草本。秆丛生，坚硬，高20 ~ 40厘米，具分枝，基部各节常生根或有时作匍茎状。

产地 永兴岛、石岛、东岛、中建岛、晋卿岛、琛航岛、金银岛、珊瑚岛、银屿、西沙洲、赵述岛、北岛、南岛、北沙洲、中沙洲、南沙洲、中岛、甘泉岛、筐仔北岛。

生境 生于海边沙地、珊瑚礁石上。

分布 分布于我国台湾、海南，印度尼西亚、马来西亚、巴布亚新几内亚、菲律宾、斯里兰卡、泰国、越南、澳大利亚、波利尼西亚及东非也有分布。

用途 本种耐盐碱，可作为人工岛的固沙地被植物。

红毛草

Melinis repens (Willd.) Zizka

多年生草本。根茎粗壮。秆直立，常分枝，高可达1米，节间常具疣毛，节具软毛。花果期6—11月。

产地 永兴岛、西沙洲、北岛。

生境 生于开阔或受干扰的草地。

分布 分布于南非，我国福建、广东、台湾等省份有引种，已归化。

类芦

Neyraudia reynaudiana (Kunth) Keng ex Hitchc.

多年生草本。具木质根状茎，须根粗而坚硬。秆直立，高2～3米，直径5～10毫米，通常节具分枝，节间被白粉。花果期8—12月。

产地 晋卿岛。

生境 生于灌丛中。

分布 分布于我国海南、广东、广西、贵州、云南、四川、湖北、湖南、江西、福建、台湾、浙江、江苏，不丹、柬埔寨、印度尼西亚、日本、老挝、马来西亚、缅甸、尼泊尔、泰国、越南均有分布。

大黍

Panicum maximum Jacq.

多年生高大簇生草本。秆直立，高可达3米，节上密生柔毛。叶片宽线形，硬，上面近基部被疣基硬毛，圆锥花序大而开展，分枝纤细，下部的轮生，小穗长圆形，顶端尖，无毛。第一颖卵圆形，顶端尖；第二颖椭圆形，与小穗等长，顶端喙尖；花丝极短，白色，花药暗褐色，鳞被局部增厚，肉质，折叠。花果期8—10月。

产地 晋卿岛。

生境 生于海边灌丛中。

分布 分布于我国海南、广东、台湾等地，原产非洲热带地区。

用途 可作牧草。

铺地黍

Panicum repens L.

多年生草本。根茎粗壮发达。秆直立，坚挺，高50 ~ 100厘米。花果期6—11月。

产地 永兴岛、东岛、琛航岛、广金岛、甘泉岛、珊瑚岛、赵述岛、西沙洲。

生境 生于海边沙石地。

分布 分布于我国东南各地，广布于热带和亚热带地区。

用途 可作牧草。

双穗雀稗

Paspalum distichum L.

多年生草本。匍匐茎横走、粗壮，长达1米，向上直立部分高20～40厘米，节生柔毛。花果期5—9月。

产地　永兴岛。

生境　生于草地。

分布　分布于我国江苏、台湾、湖北、湖南、云南、广西、海南等省份，热带、亚热带地区均有分布。

用途　可作牧草；草坪绿化。

圆果雀稗

Paspalum scrobiculatum L. var. *orbiculare* (G. Forst.) Hack.

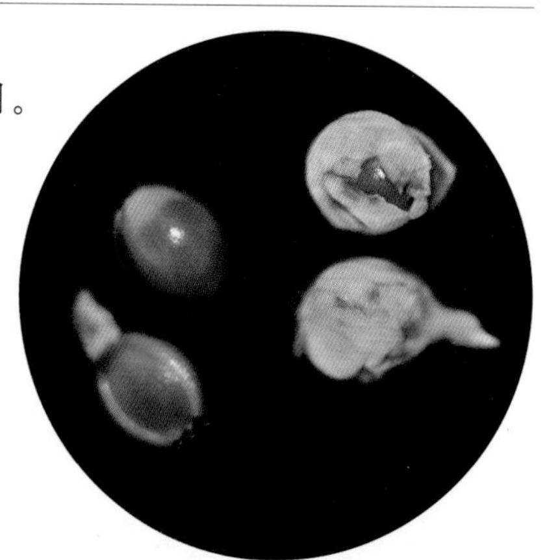

多年生草本。秆直立，丛生，高30～90厘米。花果期6—11月。

产地 永兴岛、西沙洲。

生境 生于荒草地、路旁、菜园或田间。

分布 分布于我国江苏、浙江、台湾、福建、江西、湖北、四川、贵州、云南、广西、广东，亚洲东南部至大洋洲均有分布。

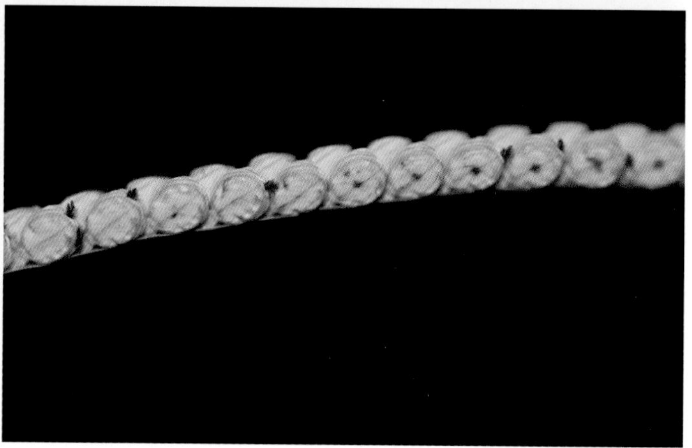

海雀稗

Paspalum vaginatum Swartz

多年生草本。具根状茎与长匍匐茎，其节间长约4厘米，节上抽出直立的枝秆，秆高10 ～ 50厘米。总状花序大多2枚，对生，有时1或3枚，直立，后开展或反折，长2 ～ 5厘米。花果期6—9月。

产地 永兴岛、东沙岛。

生境 生于海边沙地、草地。

分布 分布于我国台湾、海南及云南，热带与亚热带地区均有分布。

斑茅

Saccharum arundinaceum Retz.

多年生高大丛生草本。秆粗壮，高2～4（～6）米，直径1～2厘米，具多数节，无毛。花果期8—12月。

产地 永兴岛、晋卿岛。

生境 生于杂草地和灌丛中。

分布 分布于我国河南、陕西、浙江、江西、湖北、湖南、福建、台湾、广东、海南、广西、贵州、四川、云南等省份，印度、缅甸、泰国、越南、马来西亚也有分布。

用途 嫩叶可作牛马的饲料，秆可编席和造纸。

莠狗尾草

Setaria parviflora (Poir.) Kerguélen

多年生丛生草本。具短节状根茎或根头。秆直立或基部膝曲，高30～90厘米。花果期2—11月。

产地 永兴岛。

生境 生于灌丛中。

分布 分布于我国广东、广西、福建、台湾、云南、江西、湖南等省份，广布于热带和亚热带地区。

用途 可作牲畜饲料；全草入药，可清热利湿。

鼠尾粟

Sporobolus fertilis (Steud.) Clayton

多年生草本。须根较粗壮且较长。秆直立，丛生，高25 ~ 120厘米，基部直径2 ~ 4毫米，质较坚硬，平滑无毛。花果期3—12月。

产地 永兴岛、东岛。

生境 生于路边草地、疏林下。

分布 分布于我国华东、华中、西南及陕西、甘肃、西藏等省份，印度、缅甸、斯里兰卡、泰国、越南、马来西亚、印度尼西亚、菲律宾、日本、俄罗斯等国家也有分布。

锥穗钝叶草

Stenotaphrum micranthum (Desv.) C. E. Hubb.

多年生草本。秆下部平卧，上部直立，节着土生根和抽出花枝，花枝高约35厘米。花期春季。

产地 永兴岛、东岛、筐仔北岛、甘泉岛、晋卿岛。

生境 生于路边、沙滩或灌丛下。

分布 分布于我国海南，大洋洲也有分布。

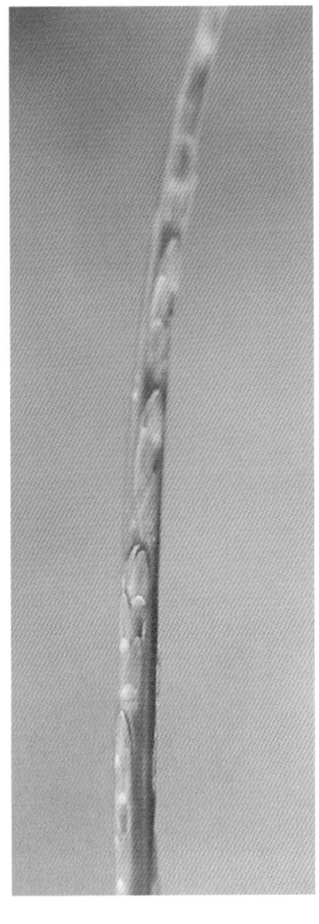

蒭雷草

Thuarea involuta (G. Forst.) R. Br. ex Roem. et Schult.

多年生草本。秆匍匐地面，节处向下生根，向上抽出叶和花序，直立部分高4～10厘米。花果期4—12月。

产地 永兴岛、东岛、中建岛、晋卿岛、琛航岛、广金岛、金银岛、甘泉岛、珊瑚岛、银屿、南岛、北岛、中岛。

生境 生于海岸沙滩。

分布 分布于我国台湾、广东、海南等省份，日本及东南亚、大洋洲和马达加斯加也有分布。

雀稗尾稃草

Urochloa paspaloides J. Presl

一年生草本。多分枝，高20 ~ 60厘米或更高；秆纤细，下部节上生根，节有时稍膨大而被髭毛。花果期5—10月。

产地 晋卿岛、银屿。

生境 生于疏林下、旱地上。

分布 分布于我国海南、云南，印度及马来群岛也有分布。

用途 可作牧草。

南海岛礁植物名录

The plant checklist of the South China Sea Islands

名录中科的排列，蕨类植物按秦仁昌1978年系统，裸子植物按郑万钧1975年系统，被子植物按哈钦松系统，科内属、种则按拉丁字母顺序排列，“物种名”这一列物种名前标有“*”的为栽培种。

本书名录共收录南海岛礁维管植物105科391属626种（包括变种）。

序号	科名	物种名	分布	标本
1	松叶蕨科	松叶蕨 *Psilotum nudum* (L.) P. Beauv.	永兴岛	—
2	海金沙科	海金沙 *Lygodium japonicum* (Thunb.) Sw.	永兴岛、赵述岛	zs66、YXD368
3	碗蕨科	热带鳞盖蕨 *Microlepia speluncae* (L.) T. Moore	永兴岛	YXD274
4	凤尾蕨科	蜈蚣草 *Pteris vittata* L.	永兴岛	YXD183、YXD318
5	金星蕨科	渐尖毛蕨 *Cyclosorus acuminatus* (Houtt.) Nakai	永兴岛	YXD369
6	金星蕨科	华南毛蕨 *Cyclosorus parasiticus* (L.) Farw.	永兴岛	YXD275
7	肾蕨科	长叶肾蕨 *Nephrolepis biserrata* (Sw.) Schott	永兴岛	张宏达4125
8	肾蕨科	毛叶肾蕨 *Nephrolepis brownii* (Desv.) Hovenk. et Miyam.	甘泉岛、永兴岛	YXD276、GQ006
9	水龙骨科	瘤蕨 *Phymatosorus scolopendria* (Burm. f.) Pic. Serm.	永兴岛、东岛	张宏达4116、西沙队3331
10	苏铁科	*苏铁 *Cycas revoluta* Thunb.	永兴岛	YXD222
11	南洋杉科	*异叶南洋杉 *Araucaria heterophylla* (Salisb.) Franco	永兴岛、琛航岛	YXD212
12	柏科	*龙柏 *Juniperus chinensis* L. ‘Kaizuca’	—	—
13	柏科	*圆柏 *Juniperus chinensis* L.	永兴岛	—
14	柏科	*侧柏 *Platycladus orientalis* (L.) Franco	银屿	—
15	罗汉松科	*罗汉松 *Podocarpus macrophyllus* (Thunb.) Sweet	甘泉岛	—
16	罗汉松科	*短叶罗汉松 *Podocarpus macrophyllus* (Thunb.) Sweet var. *maki* (Siebold et Zucc.) Pilg.	永兴岛	—
17	番荔枝科	*刺果番荔枝 *Annona muricata* L.	永兴岛	—
18	番荔枝科	*番荔枝 *Annona squamosa* L.	永兴岛、金银岛	—
19	樟科	无根藤 *Cassytha filiformis* L.	永兴岛、石岛、东岛、中建岛、晋卿岛、琛航岛、广金岛、金银岛、甘泉岛、珊瑚岛、赵述岛、西沙洲、北岛	张宏达4126、西沙队3307、YXD41、BD71、xsz14、zs161、JQ032
20	樟科	*兰屿肉桂 *Cinnamomum kotoense* Kaneh. et Sasaki	永兴岛	YXD235
21	樟科	潺槁木姜子 *Litsea glutinosa* (Lour.) C. B. Rob.	永兴岛	YXD119
22	莲叶桐科	莲叶桐 *Hernandia nymphaeifolia* (C. Presl) Kubitzki	西沙洲	xsz42
23	毛茛科	*芍药 *Paeonia lactiflora* Pall.	永兴岛	YXD138
24	防己科	毛叶轮环藤 *Cyclea barbata* Miers	永兴岛	—
25	防己科	粪箕笃 *Stephania longa* Lour.	永兴岛	YXD255
26	胡椒科	草胡椒 *Peperomia pellucida* (L.) Kunth	永兴岛	YXD362
27	白花菜科	黄花草 *Arivela viscosa* (L.) Raf.	石岛、东岛、中建岛、晋卿岛、琛航岛、广金岛、金银岛、甘泉岛、珊瑚岛、西沙洲、赵述岛、北岛、永兴岛、银屿、筐仔北岛	西沙队3245、YXD10、BD19、zs27
28	白花菜科	钝叶鱼木 *Crateva trifoliata* (Roxb.) B. S. Sun	北沙洲	BSZ6

（续）

序号	科名	物种名	分布	标本
29	白花菜科	白花菜 *Gynandropsis gynandra* (L.) Briq.	永兴岛、石岛、金银岛	西沙队3209、李泽贤等5379、YXD157
30	白花菜科	皱子白花菜 *Cleome rutidosperma* DC. Prodr.	永兴岛、赵述岛	YXD199、zs135
31	十字花科	*白花甘蓝 *Brassica oleracea* L. var. *albiflora* Kuntze	永兴岛	—
32	十字花科	*擘蓝 *Brassica oleracea* L. var. *gongylodes* L.	永兴岛	—
33	十字花科	*青菜 *Brassica rapa* L. var. *chinensis* (L.) Kitam.	永兴岛、金银岛、赵述岛、北岛	BD32、zs117、zs130
34	十字花科	*白菜 *Brassica rapa* L. var. *glabra* Regel	永兴岛、晋卿岛、银屿	YXD160
35	十字花科	*萝卜 *Raphanus sativus* L.	赵述岛、甘泉岛、银屿、晋卿岛	zs111
36	十字花科	*长羽裂萝卜 *Raphanus sativus* L. var. *longipinnatus* L. H. Bailey	永兴岛	—
37	石竹科	*石竹 *Dianthus chinensis* L.	永兴岛	YXD139
38	石竹科	荷莲豆草 *Drymaria cordata* (L.) Willd. ex Schult.	永兴岛	YXD113
39	粟米草科	吉粟草 *Gisekia pharnaceoides* L.	北岛	BD79
40	粟米草科	长梗星粟草 *Glinus oppositifolius* (L.) A. DC.	永兴岛、石岛、琛航岛、北岛	西沙队3212、李泽贤等5417、BD46
41	粟米草科	无茎粟米草 *Mollugo nudicaulis* Lam.	永兴岛	李泽贤等5503
42	粟米草科	种棱粟米草 *Mollugo verticillata* L.	金银岛、永兴岛、晋卿岛	西沙队3388、JQ024
43	番杏科	海马齿 *Sesuvium portulacastrum* (L.) L.	永兴岛、石岛、东岛、中建岛、晋卿岛、琛航岛、广金岛、筐仔北岛、金银岛、甘泉岛、珊瑚岛、银屿、石屿、赵述岛、南岛、中沙洲、南沙洲、中岛	西沙队3368、李泽贤等5430、YXD7、ND6、ZD9、ZSZ7、NSZ13、zs43
44	番杏科	假海马齿 *Trianthema portulacastrum* L.	永兴岛、中建岛、珊瑚岛、北岛	西沙队3382、YXD47、BD50
45	马齿苋科	*大花马齿苋 *Portulaca grandiflora* Hook.	北岛、永兴岛	YXD281、BD54
46	马齿苋科	马齿苋 *Portulaca oleracea* L.	永兴岛、石岛、东岛、中建岛、琛航岛、广金岛、金银岛、甘泉岛、珊瑚岛、银屿、石屿、赵述岛、北岛、南岛、晋卿岛、筐仔北岛	张宏达4108、西沙队3261、李泽贤等5422、YXD9、BD2、zs18
47	马齿苋科	毛马齿苋 *Portulaca pilosa* L.	永兴岛、石岛、东岛、琛航岛、广金岛、筐仔北岛、金银岛、甘泉岛、珊瑚岛、南岛	张宏达4099、西沙队3226
48	马齿苋科	沙生马齿苋 *Portulaca psammotropha* Hance	永兴岛、石岛、东岛、琛航岛、南沙洲	西沙队3303、YXD12、NSZ15
49	马齿苋科	四瓣马齿苋 *Portulaca quadrifida* L.	永兴岛、石岛、琛航岛、广金岛、珊瑚岛、赵述岛	李泽贤等5495
50	马齿苋科	*环翅马齿苋 *Portulaca umbraticola* Kunth	永暑礁、美洲礁、渚碧礁	—
51	马齿苋科	*棱轴土人参 *Talinum fruticosum* (L.) Juss.	永兴岛	

（续）

序号	科名	物种名	分布	标本
52	藜科	狭叶尖头叶藜 *Chenopodium acuminatum* Willd. subsp. *virgatum* (Thunb.) Kitam.	永兴岛	西沙队 3273
53	苋科	土牛膝 *Achyranthes aspera* L.	北岛、永兴岛、赵述岛、石岛、东岛、晋卿岛、琛航岛、广金岛、金银岛、甘泉岛、珊瑚岛	张宏达 4104、西沙队 3229、李泽贤等 5449、YXD148、BD43、zs162、JQ030、JQ031
54	苋科	钝叶土牛膝 *Achyranthes aspera* L. var. *indica* L.	太平岛、东沙岛	—
55	苋科	*锦绣苋 *Alternanthera bettzickiana* (Regel) G. Nicholson	永兴岛	YXD365
56	苋科	*红龙草 *Alternanthera brasiliana* (L.) Kuntze	永兴岛	YXD303
57	苋科	喜旱莲子草 *Alternanthera philoxeroides* (Mart.) Griseb.	北岛、永兴岛、晋卿岛	YXD116、BD42、JQ004
58	苋科	莲子草 *Alternanthera sessilis* (L.) DC.	永兴岛、赵述岛	YXD184、zs138、zs184
59	苋科	老鸦谷 *Amaranthus cruentus* L.	永兴岛、赵述岛、晋卿岛	zs189、JQ019
60	苋科	刺苋 *Amaranthus spinosus* L.	永兴岛	—
61	苋科	苋 *Amaranthus tricolor* L.	永兴岛、石岛、东岛、中建岛、琛航岛、珊瑚岛、银屿、甘泉岛	YXD311
62	苋科	皱果苋 *Amaranthus viridis* L.	永兴岛、石岛、中建岛、琛航岛、甘泉岛、珊瑚岛、晋卿岛、筐仔北岛	张宏达 4095、西沙队 3249、西沙队 3363、YXD118、zs87、JQ010
63	苋科	青葙 *Celosia argentea* L.	永兴岛	西沙队 3302 、YXD290、YXD293
64	苋科	银花苋 *Gomphrena celosioides* Mart.	永兴岛、石岛	西沙队 3278、李泽贤等 5544
65	落葵科	落葵 *Basella alba* L.	永兴岛、中建岛、珊瑚岛	YXD217
66	蒺藜科	大花蒺藜 *Tribulus cistoides* L.	永兴岛、石岛、琛航岛、金银岛、甘泉岛、珊瑚岛、赵述岛、南岛	西沙队 3228、YXD69、YXD48
67	蒺藜科	蒺藜 *Tribulus terrestris* L.	琛航岛、珊瑚岛、永兴岛	YXD340
68	酢浆草科	酢浆草 *Oxalis corniculata* L.	永兴岛、琛航岛、晋卿岛	YXD197、JQ041
69	千屈菜科	细叶萼距花 *Cuphea hyssopifolia* Kunth	永兴岛	YXD115
70	千屈菜科	*大花紫薇 *Lagerstroemia speciosa* (L.) Pers.	永兴岛	YXD220
71	千屈菜科	*散沫花 *Lawsonia inermis* L.	永兴岛	—
72	千屈菜科	水芫花 *Pemphis acidula* J. R. Forst. et G. Forst.	东岛、金银岛、晋卿岛、琛航岛、广金岛、西沙洲、赵述岛	西沙队 3365、李泽贤等 5551、zs172、JQ009
73	安石榴科	*石榴 *Punica granatum* L.	永兴岛、赵述岛	zs154
74	瑞香科	*土沉香 *Aquilaria sinensis* (Lour.) Spreng.	永兴岛	YXD354
75	紫茉莉科	黄细心 *Boerhavia diffusa* L.	永兴岛、石岛、东岛、晋卿岛、琛航岛、广金岛、金银岛、甘泉岛、珊瑚岛、赵述岛、北岛、南岛	西沙队 3260、李泽贤等 5512、YXD25、zs28、JQ016

（续）

序号	科名	物种名	分布	标本
76	紫茉莉科	直立黄细心 *Boerhavia erecta* L.	永兴岛	—
77	紫茉莉科	匍匐黄细心 *Boerhavia repens* L.	晋卿岛、甘泉岛	JQ018
78	紫茉莉科	白花黄细心 *Boerhavia tetrandra* G. Forst.	东岛、永兴岛、南沙洲、北岛、石岛、琛航岛、金银岛、甘泉岛、珊瑚岛、鸭公岛、北沙洲、中沙洲、南岛	张宏达4113、西沙队3210、李泽贤等5426、YXD4、NSZ8、BD14
79	紫茉莉科	*光叶子花 *Bougainvillea glabra* Choisy	永兴岛、赵述岛、西沙洲、北岛、晋卿岛、甘泉岛	YXD53、BD57、xsz43、zs8
80	紫茉莉科	*叶子花 *Bougainvillea spectabilis* Willd.	太平岛	—
81	紫茉莉科	抗风桐 *Pisonia grandis* R. Br.	永兴岛、石岛、东岛、晋卿岛、琛航岛、广金岛、金银岛、甘泉岛、珊瑚岛、赵述岛、西沙洲	张宏达4103、西沙队3235、李泽贤等5490、YXD21、xsz22、zs76、GQ002
82	大风子科	刺篱木 *Flacourtia indica* (Burm. f.) Merr.	晋卿岛	JQ006
83	西番莲科	*西番莲 *Passiflora caerulea* L.	永兴岛、赵述岛	zs147、YXD355
84	西番莲科	龙珠果 *Passiflora foetida* L.	永兴岛、赵述岛、东岛、石岛、琛航岛、广金岛、金银岛、珊瑚岛、晋卿岛、甘泉岛、东沙岛	西沙队3321、李泽贤等5390、YXD28、JQ011
85	葫芦科	*冬瓜 *Benincasa hispida* (Thunb.) Cogn.	永兴岛、东岛、琛航岛、赵述岛	zs112
86	葫芦科	*节瓜 *Benincasa hispida* (Thunb.) Cogn. var. *chieh-qua* How	永暑礁	—
87	葫芦科	*西瓜 *Citrullus lanatus* (Thunb.) Matsum. et Nakai	永兴岛、赵述岛、琛航岛、金银岛、珊瑚岛、北岛、晋卿岛、银屿	YXD156、BD33、zs16
88	葫芦科	红瓜 *Coccinia grandis* (L.) Voigt	永兴岛、金银岛	YXD177
89	葫芦科	*甜瓜 *Cucumis melo* L.	赵述岛	zs113
90	葫芦科	*菜瓜 *Cucumis melo* L. var. *conomon* (Thunb.) Makino	永兴岛	—
91	葫芦科	*黄瓜 *Cucumis sativus* L.	永兴岛、赵述岛、晋卿岛	YXD312、zs103
92	葫芦科	*南瓜 *Cucurbita moschata* Duchesne	永兴岛、赵述岛、东岛、中建岛、金银岛、珊瑚岛、晋卿岛、甘泉岛	YXD164、zs107
93	葫芦科	*西葫芦 *Cucurbita pepo* L.	赵述岛	zs115
94	葫芦科	*瓠瓜 *Lagenaria siceraria* (Molina) Standl. var. *depressa* (Ser.) H. Hara	晋卿岛	—
95	葫芦科	*葫芦 *Lagenaria siceraria* (Molina) Standl.	永兴岛、赵述岛	zs101
96	葫芦科	*广东丝瓜 *Luffa acutangula* (L.) Roxb.	晋卿岛	—
97	葫芦科	*丝瓜 *Luffa cylindrica* (L.) M. Roem.	永兴岛、东岛、中建岛、筐仔北岛、金银岛、珊瑚岛、赵述岛、晋卿岛	YXD313、zs104
98	葫芦科	美洲马瓟儿 *Melothria pendula* L.	晋卿岛、永兴岛	JQ015

（续）

序号	科名	物种名	分布	标本
99	葫芦科	*苦瓜 *Momordica charantia* L.	永兴岛、赵述岛、石岛、琛航岛、金银岛、晋卿岛	YXD195、zs105
100	葫芦科	凤瓜 *Trichosanthes scabra* Lour.	永兴岛、晋卿岛	YXD339、JQ007
101	秋海棠科	*四季秋海棠 *Begonia cucullata* Willd. var. *hookeri* (A. DC.) L. B. Sm. et B. G. Schub.	永兴岛	—
102	秋海棠科	*竹节秋海棠 *Begonia maculata* Raddi	永兴岛	—
103	番木瓜科	*番木瓜 *Carica papaya* L.	永兴岛、东岛、晋卿岛、琛航岛、金银岛、珊瑚岛、赵述岛、银屿、甘泉岛	YXD144
104	仙人掌科	*天轮柱 *Cereus jamacaru* DC.	永兴岛	—
105	仙人掌科	*金琥 *Echinocactus grusonii* Hildm.	赤瓜礁	—
106	仙人掌科	*仙人球 *Echinopsis tubiflora* (Pfeiff.) Zucc. ex A. Dietr.	永兴岛	YXD330
107	仙人掌科	*昙花 *Epiphyllum oxypetalum* (DC.) Haw.	永兴岛	—
108	仙人掌科	*火龙果 *Hylocereus undatus* (Haw.) Britt. et Rose 'Foo-Lon'	银屿	—
109	仙人掌科	*无刺仙人掌 *Opuntia cochenillifera* (L.) Mill.	永兴岛	YXD132
110	仙人掌科	仙人掌 *Opuntia dillenii* (Ker Gawl.) Haw.	珊瑚岛、永兴岛、石岛、中建岛、琛航岛、金银岛、珊瑚岛、北岛、鸭公岛	YXD15
111	桃金娘科	*大叶桉 *Eucalyptus robusta* Sm.	永兴岛	—
112	桃金娘科	*红果仔 *Eugenia uniflora* L.	赵述岛	zs90
113	桃金娘科	番石榴 *Psidium guajava* Linn.	甘泉岛	YXD171、GQ010
114	桃金娘科	*钟花蒲桃 *Syzygium myrtifolium* Walp.	永兴岛、赵述岛	zs150、YXD321
115	桃金娘科	*洋蒲桃 *Syzygium samarangense* (Blume) Merr. et L. M. Perry	永兴岛、赵述岛、晋卿岛	YXD209、zs156
116	玉蕊科	滨玉蕊 *Barringtonia asiatica* (L.) Kurz	太平岛	—
117	使君子科	榄李 *Lumnitzera racemosa* Willd.	琛航岛	—
118	使君子科	*使君子 *Quisqualis indica* L.	赵述岛、永兴岛	—
119	使君子科	*小叶榄仁 *Terminalia mantaly* H. Perrier	西沙洲、永兴岛、甘泉岛	YXD206、xsz39
120	使君子科	榄仁树 *Terminalia catappa* L.	永兴岛、石岛、东岛、盘石屿、中建岛、晋卿岛、琛航岛、广金岛、金银岛、甘泉岛、珊瑚岛、银屿、西沙洲、赵述岛、南岛、北岛、鸭公岛、筐仔北岛	YXD44、BD27、xsz23、zs47
121	藤黄科	红厚壳 *Calophyllum inophyllum* L.	北岛、西沙洲、永兴岛、东岛、中建岛、晋卿岛、琛航岛、金银岛、甘泉岛、珊瑚岛、南岛	西沙队 3351、李泽贤等 5453、YXD333、BD68、xsz24
122	藤黄科	*菲岛福木 *Garcinia subelliptica* Merr.	永兴岛	YXD216
123	椴树科	甜麻 *Corchorus aestuans* L.	永兴岛、石岛、琛航岛、金银岛、甘泉岛、珊瑚岛、赵述岛	西沙队 3349、李泽贤等 5526、YXD13、zs121
124	椴树科	长蒴黄麻 *Corchorus olitorius* L.	珊瑚岛	—

（续）

序号	科名	物种名	分布	标本
125	椴树科	粗齿刺蒴麻 *Triumfetta grandidens* Hance	永兴岛	李泽贤等5507
126	椴树科	铺地刺蒴麻 *Triumfetta procumbens* G. Forst.	西沙洲、永兴岛、石岛、东岛、中建岛、晋卿岛、琛航岛、广金岛、筐仔北岛、金银岛、甘泉岛、珊瑚岛、银屿、赵述岛、北岛、中岛、南岛、北沙洲、中沙洲、南沙洲	张宏达4129、西沙队3279、李泽贤等5425、YXD63、ND4、ZD3、BD38、BSZ4、ZSZ2、NSZ1、xsz53、JQ017
127	椴树科	刺蒴麻 *Triumfetta rhomboidea* Jacq.	永兴岛、晋卿岛	西沙队3316、李泽贤等5514、YXD253、JQ026
128	梧桐科	马松子 *Melochia corchorifolia* L.	永兴岛	—
129	梧桐科	蛇婆子 *Waltheria indica* L.	永兴岛、琛航岛、珊瑚岛、赵述岛、晋卿岛、甘泉岛	西沙队3200、李泽贤等5375、YXD75、zs17
130	木棉科	*木棉 *Bombax ceiba* L.	永兴岛、赵述岛、筐仔北岛	zs97
131	木棉科	*美丽异木棉 *Ceiba speciosa* (A. St.-Hil.) Ravenna	赵述岛	zs95
132	木棉科	*瓜栗 *Pachira aquatica* Aubl.	永兴岛、晋卿岛、银屿	YXD358
133	锦葵科	*咖啡黄葵 *Abelmoschus esculentus* (L.) Moench	永兴岛	—
134	锦葵科	磨盘草 *Abutilon indicum* (L.) Sweet	永兴岛、石岛、东岛、琛航岛、金银岛、珊瑚岛、赵述岛、晋卿岛	西沙队3241、李泽贤等5397、YXD30、zs136
135	锦葵科	陆地棉 *Gossypium hirsutum* L.	永兴岛、中建岛、琛航岛	YXD180
136	锦葵科	泡果苘 *Herissantia crispa* (L.) Brizicky	金银岛、永兴岛、石岛、珊瑚岛	西沙队3232、李泽贤等5399、YXD82
137	锦葵科	*大麻槿 *Hibiscus cannabinus* L.	永兴岛	—
138	锦葵科	*朱槿 *Hibiscus rosa-sinensis* L.	永兴岛、赵述岛	YXD59、YXD122、zs160
139	锦葵科	黄槿 *Hibiscus tiliaceus* L.	西沙洲、北岛、永兴岛、银屿、鸭公岛、筐仔北岛	YXD287、BD59、xsz32、YY002
140	锦葵科	赛葵 *Malvastrum coromandelianum* (L.) Garcke	永兴岛、石岛、东岛、琛航岛、金银岛、甘泉岛、珊瑚岛	张宏达4177、西沙队3250、YXD126、GQ007
141	锦葵科	黄花稔 *Sida acuta* Burm. f.	永兴岛、琛航岛、晋卿岛	西沙队3231、李泽贤等5433
142	锦葵科	桤叶黄花稔 *Sida alnifolia* L.	永兴岛、晋卿岛	YXD266、JQ027
143	锦葵科	小叶黄花稔 *Sida alnifolia* L. var. *microphylla* (Cav.) S. Y. Hu	东岛、琛航岛、珊瑚岛、赵述岛	—
144	锦葵科	圆叶黄花稔 *Sida alnifolia* L. var. *orbiculata* S. Y. Hu	西沙洲、永兴岛、石岛、东岛、晋卿岛、琛航岛、广金岛、金银岛、甘泉岛、珊瑚岛、鸭公岛、赵述岛、北岛、中沙洲、南沙洲、筐仔北岛	西沙队3259、西沙队3328、李泽贤等5415、李泽贤等5489、YXD1、BD20、ZSZ10、NSZ7、xsz50、zs48、zs50
145	锦葵科	中华黄花稔 *Sida chinensis* Retz.	永兴岛、赵述岛、甘泉岛、晋卿岛	YXD342、zs188
146	锦葵科	长梗黄花稔 *Sida cordata* (Burm. f.) Borss. Waalk.	永兴岛、金银岛、赵述岛	西沙队3230、YXD79、zs91、zs194
147	锦葵科	心叶黄花稔 *Sida cordifolia* L.	永兴岛、中建岛、金银岛	西沙队3310、李泽贤等5510

（续）

序号	科名	物种名	分布	标本
148	锦葵科	白背黄花稔 *Sida rhombifolia* L.	永兴岛	李泽贤等5435 、YXD264
149	锦葵科	杨叶肖槿 *Thespesia populnea* (L.) Soland. ex Corr.	永兴岛、东岛、琛航岛、西沙洲	西沙队3404、李泽贤等5554、xsz46
150	锦葵科	地桃花 *Urena lobata* L.	永兴岛	YXD149
151	金虎尾科	*西印度樱桃 *Malpighia glabra* L.	永兴岛、赵述岛、甘泉岛	zs84、YXD344、GQ003
152	大戟科	铁苋菜 *Acalypha australis* L.	永兴岛	—
153	大戟科	热带铁苋菜 *Acalypha indica* L.	永兴岛、中建岛、金银岛、珊瑚岛、赵述岛、晋卿岛	YXD84、zs152、JQ034
154	大戟科	麻叶铁苋菜 *Acalypha lanceolata* Willd.	永兴岛、金银岛、珊瑚岛	李泽贤等5455、YXD162
155	大戟科	*红桑 *Acalypha wilkesiana* Müll. Arg.	永兴岛、石岛	YXD236
156	大戟科	*五月茶 *Antidesma bunius* (L.) Spreng.	永兴岛	YXD208
157	大戟科	*秋枫 *Bischofia javanica* Blume	永兴岛、赵述岛	zs68、YXD215
158	大戟科	*变叶木 *Codiaeum variegatum* (L.) Rumph. ex A. Juss.	永兴岛、琛航岛、珊瑚岛、赵述岛、甘泉岛	YXD100、zs79
159	大戟科	*火殃勒 *Euphorbia antiquorum* L.	永兴岛	YXD161
160	大戟科	海滨大戟 *Euphorbia atoto* Forst. f.	永兴岛、石岛、中建岛、晋卿岛、琛航岛、广金岛、筐仔北岛、金银岛、甘泉岛、珊瑚岛、银屿、赵述岛、北岛、中岛、南岛、中沙洲、南沙洲、北沙洲、西沙洲	西沙队3275、李泽贤等5436、YXD62、YXD298、ND3、ZD10、BD4、BSZ5、ZSZ8、NSZ4、zs171、xsz9
161	大戟科	猩猩草 *Euphorbia cyathophora* Murray	永兴岛、东岛、琛航岛、金银岛、珊瑚岛	西沙队3397、李泽贤5400、YXD39
162	大戟科	飞扬草 *Euphorbia hirta* L.	赵述岛、西沙洲、永兴岛、石岛、东岛、中建岛、晋卿岛、琛航岛、广金岛、金银岛、甘泉岛、珊瑚岛	YXD23、xsz25、zs7、zs29
163	大戟科	通奶草 *Euphorbia hypericifolia* L.	永兴岛	西沙队3326
164	大戟科	紫斑大戟 *Euphorbia hyssopifolia* L.	永兴岛、赵述岛	zs92、zs159、YXD178
165	大戟科	*金刚纂 *Euphorbia neriifolia* L.	永兴岛	YXD137
166	大戟科	匍匐大戟 *Euphorbia prostrata* Aiton	珊瑚岛、赵述岛、北岛、东岛、晋卿岛	张宏达4098、西沙队3252、李泽贤等5413、李泽贤等5413A、BD5、zs167、JQ042
167	大戟科	*一品红 *Euphorbia pulcherrima* Willd. ex Klotzch	永兴岛、晋卿岛	—
168	大戟科	千根草 *Euphorbia thymifolia* L.	永兴岛、赵述岛、北岛、晋卿岛	邓双文137、YXD85、BD16、BD40、zs120
169	大戟科	*绿玉树 *Euphorbia tirucalli* L.	—	—
170	大戟科	白饭树 *Flueggea virosa* (Roxb. ex Willd.) Voigt	太平岛	—
171	大戟科	*麻风树 *Jatropha curcas* L.	太平岛	—
172	大戟科	*琴叶珊瑚 *Jatropha integerrima* Jacq.	永兴岛、赵述岛	YXD107、zs81

（续）

序号	科名	物种名	分布	标本
173	大戟科	* 血桐 *Macaranga tanarius* (L.) Müll. Arg. var. *tomentosa* (Blume) Müll. Arg.	西沙洲	xsz40
174	大戟科	小果木 *Micrococca mercurialis* (L.) Benth.	永兴岛	邓双文 153、YXD117
175	大戟科	地杨桃 *Microstachys chamaelea* (L.) Müll. Arg.	永兴岛、晋卿岛	西沙队 3311、李泽贤等 5488、YXD301、JQ001
176	大戟科	* 红雀珊瑚 *Pedilanthus tithymaloides* (L.) Poit.	永兴岛、石岛、东岛、琛航岛、金银岛、珊瑚岛、晋卿岛	YXD46
177	大戟科	苦味叶下珠 *Phyllanthus amarus* Schum. et Thonn.	永兴岛、赵述岛、北岛、晋卿岛、银屿、甘泉岛	张宏达 4120、西沙队 3257、李泽贤等 5388、YXD14、zs69、BD3
178	大戟科	小果叶下珠 *Phyllanthus reticulatus* Poir.	永兴岛	YXD331
179	大戟科	纤梗叶下珠 *Phyllanthus tenellus* Roxb.	永兴岛	YXD20190625
180	大戟科	叶下珠 *Phyllanthus urinaria* L.	永兴岛、赵述岛、石岛、晋卿岛	YXD131、zs10
181	大戟科	黄珠子草 *Phyllanthus virgatus* Forst. f.	赵述岛、晋卿岛	zs122、JQ008
182	大戟科	蓖麻 *Ricinus communis* L.	石岛、东岛、中建岛、晋卿岛、琛航岛、金银岛、甘泉岛、珊瑚岛、赵述岛、北岛、永兴岛	YXD49、BD8、zs177
183	大戟科	艾堇 *Sauropus bacciformis* (L.) Airy Shaw	永兴岛	周联选等 12430、YXD86
184	蔷薇科	* 桃 *Amygdalus persica* L.	银屿	—
185	蔷薇科	* 月季花 *Rosa chinensis* Jacq.	永兴岛	YXD135
186	含羞草科	* 大叶相思 *Acacia auriculiformis* A. Cunn. ex Benth.	—	—
187	含羞草科	* 台湾相思 *Acacia confusa* Merr.	永兴岛、琛航岛、赵述岛	YXD299、zs158
188	含羞草科	* 马占相思 *Acacia mangium* Willd.	永兴岛	YXD226
189	含羞草科	* 朱缨花 *Calliandra haematocephala* Hassk.	东门礁	—
190	含羞草科	榼藤 *Entada phaseoloides* (L.) Merr.	永兴岛、晋卿岛、赵述岛	西沙队 3335、西沙队 3344、zs173
191	含羞草科	银合欢 *Leucaena leucocephala* (Lam.) de Wit	永兴岛、石岛、东岛、中建岛、琛航岛、珊瑚岛	YXD36
192	含羞草科	巴西含羞草 *Mimosa diplotricha* Sauvalle	金银岛、永兴岛、赵述岛、晋卿岛	李泽贤等 5373、YXD288、zs179
193	含羞草科	无刺含羞草 *Mimosa diplotricha* Sauvalle var. *inermis* (Adelb.) Verdc.	永兴岛	—
194	含羞草科	含羞草 *Mimosa pudica* L.	永兴岛、石岛、赵述岛、西沙洲、晋卿岛	西沙队 3317、李泽贤等 5518、YXD97、xsz17、zs31
195	含羞草科	* 雨树 *Samanea saman* (Jacq.) Merr.	南薰礁、渚碧礁	—
196	苏木科	* 羊蹄甲 *Bauhinia purpurea* L.	永兴岛	—
197	苏木科	刺果苏木 *Caesalpinia bonduc* (L.) Roxb.	金银岛、北岛	西沙队 3366、李泽贤等 5446、BD67

（续）

序号	科名	物种名	分布	标本
198	苏木科	南蛇簕 *Caesalpinia minax* Hance	晋卿岛	JQ051
199	苏木科	柄腺山扁豆 *Chamaecrista pumila* (Lam.) K. Larsen	永兴岛	李泽贤等5472
200	苏木科	*凤凰木 *Delonix regia* (Bojer) Raf.	永兴岛、赵述岛、甘泉岛	YXD94、zs72
201	苏木科	望江南 *Senna occidentalis* (L.) Link	永兴岛、东岛、琛航岛、金银岛、珊瑚岛	西沙队3285、李泽贤等5459、YXD83、YXD289
202	苏木科	黄槐决明 *Senna sulfurea* (Collad.) H. S. Irwin et Barneby	永兴岛	YXD218
203	苏木科	决明 *Senna tora* (L.) Roxb.	—	西沙队3312、YXD360
204	苏木科	*油楠 *Sindora glabra* Merr. ex de Wit	永兴岛、全富岛	—
205	苏木科	*酸豆 *Tamarindus indica* L.	甘泉岛	GQ004
206	蝶形花科	相思子 *Abrus precatorius* L.	永兴岛	李泽贤等5520
207	蝶形花科	链荚豆 *Alysicarpus vaginalis* (L.) DC.	永兴岛、石岛、东岛、琛航岛、珊瑚岛、赵述岛、晋卿岛、银屿	西沙队3300、李泽贤等5505、YXD45、YXD347、YXD348、zs45、JQ033
208	蝶形花科	*落花生 *Arachis hypogaea* L.	永兴岛	—
209	蝶形花科	*平托花生 *Arachis pintoi* Krapov. et W. C. Greg.	永暑礁、东门礁	—
210	蝶形花科	虫豆 *Cajanus volubilis* (Blanco) Blanco	永兴岛	—
211	蝶形花科	蔓草虫豆 *Cajanus scarabaeoides* (L.) Thouars	永兴岛	李泽贤等5479、YXD241
212	蝶形花科	小刀豆 *Canavalia cathartica* Thou.	东岛、西沙洲、永兴岛	邓双文109、YXD81、xsz30
213	蝶形花科	海刀豆 *Canavalia rosea* (Sw.) DC.	永兴岛、西沙洲、北岛、中岛、南岛、东岛、琛航岛	西沙队3244、西沙队3405、李泽贤等5386、YXD37、ND10、ZD8、BD65、xsz31
214	蝶形花科	铺地蝙蝠草 *Christia obcordata* (Poir.) Bakh. f.	赵述岛	zs34
215	蝶形花科	猪屎豆 *Crotalaria pallida* Aiton	永兴岛	YXD87、西沙队3385、李泽贤等5380
216	蝶形花科	球果猪屎豆 *Crotalaria uncinella* Lamk.	华阳礁	—
217	蝶形花科	*海南黄檀 *Dalbergia hainanensis* Merr. et Chun	永兴岛	—
218	蝶形花科	*降香黄檀 *Dalbergia odorifera* T. C. Chen	永兴岛、赵述岛	YXD103、zs83
219	蝶形花科	*印度黄檀 *Dalbergia sissoo* Roxb. ex DC.	永兴岛	YXD357
220	蝶形花科	异叶山蚂蝗 *Desmodium heterophyllum* (Willd.) DC.	永兴岛	YXD367
221	蝶形花科	小叶三点金 *Desmodium microphyllum* (Thunb.) DC.	晋卿岛、甘泉岛	JQ043
222	蝶形花科	蝎尾山蚂蝗 *Desmodium scorpiurus* (Sw.) Desv.	太平岛	—
223	蝶形花科	三点金 *Desmodium triflorum* (L.) DC.	永兴岛、东岛、西沙洲、赵述岛、晋卿岛	西沙队3378、李泽贤等5519、YXD188、YXD247、xsz37、zs33
224	蝶形花科	*鸡冠刺桐 *Erythrina crista-galli* L.	永兴岛	YXD219
225	蝶形花科	*刺桐 *Erythrina variegata* L.	永兴岛、东岛	YXD292

（续）

序号	科名	物种名	分布	标本
226	蝶形花科	疏花木蓝 *Indigofera colutea* (Burm. f.) Merr.	永兴岛、石岛、琛航岛、珊瑚岛	西沙队3329、李泽贤等5461、YXD341
227	蝶形花科	硬毛木蓝 *Indigofera hirsuta* L.	永兴岛	李泽贤等5506
228	蝶形花科	九叶木蓝 *Indigofera linnaei* Ali	永兴岛	西沙队3381
229	蝶形花科	刺荚木蓝 *Indigofera nummulariifolia* (L.) Livera ex Alston	永兴岛	李泽贤等5513
230	蝶形花科	* 扁豆 *Lablab purpureus* (L.) Sweet	永兴岛	—
231	蝶形花科	紫花大翼豆 *Macroptilium atropurpureum* (DC.) Urb.	永兴岛	YXD80
232	蝶形花科	* 豆薯 *Pachyrhizus erosus* (L.) Urb.	永兴岛	—
233	蝶形花科	* 水黄皮 *Pongamia pinnata* (L.) Pierre	华阳礁	—
234	蝶形花科	* 紫檀 *Pterocarpus indicus* Willd.	永兴岛	YXD111
235	蝶形花科	小鹿藿 *Rhynchosia minima* (L.) DC.	永兴岛	李泽贤等5528、YXD221
236	蝶形花科	落地豆 *Rothia indica* (L.) Druce	永兴岛、晋卿岛	邓双文131、JQ039
237	蝶形花科	刺田菁 *Sesbania bispinosa* (Jacq.) W. Wight	永兴岛	李泽贤等5480
238	蝶形花科	田菁 *Sesbania cannabina* (Retz.) Poir.	永兴岛、琛航岛、北岛	西沙队3387、李泽贤等5395、YXD65、BD73
239	蝶形花科	绒毛槐 *Sophora tomentosa* L.	永兴岛、东岛、金银岛、甘泉岛	西沙队3350、李泽贤等5452、GQ008
240	蝶形花科	矮灰毛豆 *Tephrosia pumila* (Lam.) Pers.	永兴岛、石岛、珊瑚岛	邓双文119、YXD242
241	蝶形花科	灰毛豆 *Tephrosia purpurea* (L.) Pers.	永兴岛、东岛、琛航岛、赵述岛、银屿	西沙队3239、李泽贤等5420、zs75、YY001
242	蝶形花科	腺药豇豆 *Vigna adenantha* (G. Meyer) Marechal	太平岛	—
243	蝶形花科	滨豇豆 *Vigna marina* (Burm.) Merr.	石岛、盘石屿、中建岛、琛航岛、广金岛、筐仔北岛、金银岛、甘泉岛、银屿、北岛、西沙洲	西沙队3360、李泽贤等5475、YXD33、BD78、xsz13
244	蝶形花科	* 豇豆 *Vigna unguiculata* (L.) Walp.	永兴岛、东岛、琛航岛、金银岛、珊瑚岛、北岛、赵述岛、晋卿岛、银屿	YXD153、BD36、zs119
245	蝶形花科	* 眉豆 *Vigna unguiculata* (L.) Walp. subsp. *cylindrica* (L.) Verdc.	永兴岛	—
246	黄杨科	* 黄杨 *Buxus sinica* (Rehder et E. H. Wilson) M. Cheng	永兴岛、珊瑚岛	—
247	黄杨科	* 小叶黄杨 *Buxus sinica* (Rehder et E. H. Wilson) M. Cheng var. *parvifolia* M. Cheng	永兴岛	YXD268
248	木麻黄科	* 细枝木麻黄 *Casuarina cunninghamiana* Miq.	永兴岛、东岛	YXD286
249	木麻黄科	* 木麻黄 *Casuarina equisetifolia* L.	永兴岛、石岛、东岛、中建岛、琛航岛、珊瑚岛、西沙洲、赵述岛、北岛、晋卿岛、银屿、鸭公岛、甘泉岛	YXD38、BD61、xsz10、zs6、JQ035
250	木麻黄科	* 粗枝木麻黄 *Casuarina glauca* Sieber ex Spreng.	琛航岛	—

（续）

序号	科名	物种名	分布	标本
251	榆科	异色山黄麻 *Trema orientalis* (L.) Blume	永兴岛、赵述岛	—
252	榆科	山黄麻 *Trema tomentosa* (Roxb.) H. Hara	永兴岛	YXD210
253	桑科	*波罗蜜 *Artocarpus heterophyllus* Lam.	永暑礁	—
254	桑科	*高山榕 *Ficus altissima* Blume	永兴岛、赵述岛、银屿、鸭公岛	YXD227、zs100
255	桑科	*垂叶榕 *Ficus benjamina* L.	永兴岛、赵述岛	zs151、YXD315
256	桑科	*印度榕 *Ficus elastica* Roxb. ex Hornem.	永兴岛、赵述岛	YXD60、YXD234、zs164
257	桑科	对叶榕 *Ficus hispida* L.	永兴岛、赵述岛	zs166、YXD179
258	桑科	*榕树 *Ficus microcarpa* L. f.	永兴岛、石岛、东岛、中建岛、琛航岛、赵述岛	YXD109、zs65
259	桑科	*黄金榕 *Ficus microcarpa* L. f. ‘Golden Leaves’	永兴岛、赵述岛、晋卿岛	YXD176、zs24
260	桑科	*人参榕 *Ficus microcarpa* L. f. ‘Renshen’	永兴岛	YXD350
261	桑科	*厚叶榕 *Ficus microcarpa* L. f. var. *crassifolia* (W. C. Shieh) J. C. Liao	永兴岛	YXD121
262	桑科	笔管榕 *Ficus subpisocarpa* Gagnep.	永兴岛、晋卿岛	西沙队3234、李泽贤等5474、YXD88、JQ047
263	桑科	斜叶榕 *Ficus tinctoria* G. Forst. subsp. *gibbosa* (Bl.) Corner	永兴岛	YXD323
264	桑科	*鸡桑 *Morus australis* Poir.	东沙岛	—
265	桑科	鹊肾树 *Streblus asper* Lour.	永兴岛	YXD238
266	荨麻科	落尾木 *Pipturus arborescens* (Link) C. B. Robinson	太平岛	—
267	荨麻科	多枝雾水葛 *Pouzolzia zeylanica* (L.) Benn. var. *microphylla* (Wedd.) W. T. Wang	永兴岛	YXD127、YXD233
268	鼠李科	蛇藤 *Colubrina asiatica* (L.) Brongn.	永兴岛	邓双文159、YXD296
269	葡萄科	三叶乌蔹莓 *Cayratia trifolia* (L.) Domin	太平岛	—
270	葡萄科	*方茎青紫葛 *Cissus quadrangularis* L.	鸭公岛	—
271	葡萄科	白粉藤 *Cissus repens* Lamk.	永兴岛	YXD338
272	葡萄科	厚叶崖爬藤 *Tetrastigma pachyphyllum* (Hemsl.) Chun	永兴岛	YXD239
273	葡萄科	*葡萄 *Vitis vinifera* L.	晋卿岛	—
274	芸香科	*金柑 *Citrus japonica* Thunb.	赵述岛	zs163
275	芸香科	*柠檬 *Citrus* × *limon* (L.) Osbeck	太平岛	—
276	芸香科	*柚 *Citrus maxima* (Burm.) Merr.	永兴岛、赵述岛	zs157、YXD319
277	芸香科	*番柑 *Citrus* × *microcarpa* Bunge	甘泉岛	YXD262
278	芸香科	*柑橘 *Citrus reticulata* Blanco	永兴岛、珊瑚岛、晋卿岛	—
279	芸香科	*黄皮 *Clausena lansium* (Lour.) Skeels	永兴岛、甘泉岛	YXD130
280	芸香科	*四季橘 *Fortunella margarita* (Lour.) Swingle ‘Calamondin’	永兴岛、赵述岛	YXD336、zs64
281	芸香科	翼叶九里香 *Murraya alata* Drake	琛航岛	—

（续）

序号	科名	物种名	分布	标本
282	芸香科	* 九里香 *Murraya exotica* L.	永兴岛、珊瑚岛	YXD104、YXD124
283	芸香科	* 琉球花椒 *Zanthoxylum beecheyanum* K. Koch	东门礁	—
284	苦木科	海人树 *Suriana maritima* L.	永兴岛、石岛、中建岛、晋卿岛、琛航岛、广金岛、金银岛、银屿、西沙洲、赵述岛、北岛、南岛、中沙洲、南沙洲	张宏达4119、西沙队3243、李泽贤等5470、YXD64、ND8、BD66、ZSZ5、NSZ6、xsz6
285	楝科	* 山椤 *Aglaia elaeagnoidea* (A. Jussieu) Bentham	太平岛	—
286	楝科	* 小叶米仔兰 *Aglaia odorata* Lour. var. *microphyllina* C. DC.	永兴岛	YXD108
287	楝科	* 米仔兰 *Aglaia odorata* Lour.	永兴岛	—
288	楝科	楝 *Melia azedarach* L.	永兴岛、琛航岛、金银岛、珊瑚岛、赵述岛、西沙洲	YXD213、xsz28、zs168
289	无患子科	海滨异木患 *Allophylus timoriensis* (Candolle) Blume	东沙岛	—
290	无患子科	倒地铃 *Cardiospermum halicacabum* L.	永兴岛	李泽贤等5533、YXD316
291	无患子科	龙眼 *Dimocarpus longan* Lour.	永兴岛、晋卿岛	YXD256
292	漆树科	* 杧果 *Mangifera indica* L.	赵述岛、晋卿岛	zs153
293	五加科	* 线叶南洋参 *Polyscias cumingiana* (C. Presl) Fern.-Vill.	永兴岛	—
294	五加科	* 南洋参 *Polyscias fruticosa* (L.) Harms	永兴岛	—
295	五加科	* 圆叶南洋参 *Polyscias scutellaria* (Burm. f.) Fosberg	太平岛	—
296	五加科	* 鹅掌藤 *Schefflera arboricola* (Hayata) Merr.	永兴岛、赵述岛	zs67、YXD260
297	五加科	* 澳洲鸭脚木 *Schefflera macrostachya* (Benth.) Harms	永兴岛	YXD190
298	伞形科	* 芹菜 *Apium graveolens* L.	永兴岛、赵述岛、金银岛	YXD193、YXD270、zs128
299	伞形科	积雪草 *Centella asiatica* (L.) Urban	永兴岛	YXD224
300	伞形科	* 芫荽 *Coriandrum sativum* L.	永兴岛、赵述岛	YXD172、zs126
301	伞形科	* 胡萝卜 *Daucus carota* L. var. *sativa* Hoffm.	赵述岛	zs116
302	山榄科	* 人心果 *Manilkara zapota* (L.) P. Royen	永兴岛、赵述岛	zs155
303	山榄科	* 香榄 *Mimusops elengi* L.	永兴岛	YXD229
304	山榄科	* 蛋黄果 *Pouteria campechiana* (Kunth) Baehni	永兴岛	—
305	山榄科	* 神秘果 *Synsepalum dulcificum* (Schumach. et Thonn.) Daniell	永兴岛	—
306	紫金牛科	* 东方紫金牛 *Ardisia elliptica* Thunberg	东沙岛	—
307	马钱科	* 灰莉 *Fagraea ceilanica* Thunb.	赵述岛、北岛、永兴岛	YXD123、BD55、zs74
308	木犀科	* 茉莉花 *Jasminum sambac* (L.) Aiton	永兴岛	—
309	木犀科	* 桂花 *Osmanthus fragrans* (Thunb.) Lour.	永兴岛	—
310	夹竹桃科	* 沙漠玫瑰 *Adenium obesum* (Forssk.) Roem. et Schult.	永暑礁、东沙岛	—
311	夹竹桃科	* 软枝黄蝉 *Allamanda cathartica* L.	永兴岛、赵述岛	YXD285、zs143
312	夹竹桃科	* 黄蝉 *Allamanda schottii* Pohl	永兴岛	—
313	夹竹桃科	* 糖胶树 *Alstonia scholaris* (L.) R. Br.	赵述岛	zs165

（续）

序号	科名	物种名	分布	标本
314	夹竹桃科	长春花 *Catharanthus roseus* (L.) G. Don	西沙洲、永兴岛、石岛、东岛、中建岛、金银岛、珊瑚岛、赵述岛、晋卿岛	YXD57、YXD95、xsz29、zs3
315	夹竹桃科	海杧果 *Cerbera manghas* L.	永兴岛	西沙队 3393
316	夹竹桃科	*夹竹桃 *Nerium oleander* L.	永兴岛、赵述岛、石岛	YXD200、zs2
317	夹竹桃科	*海柠檬 *Ochrosia oppositifolia* (Lam.) K. Schum.	太平岛、南威岛	—
318	夹竹桃科	*鸡蛋花 *Plumeria rubra* L. 'Acutifolia'	永兴岛、赵述岛、甘泉岛	YXD90、zs57
319	夹竹桃科	*红鸡蛋花 *Plumeria rubra* L.	永兴岛	YXD373
320	夹竹桃科	*黄花夹竹桃 *Thevetia peruviana* (Pers.) K. Schum.	永兴岛	YXD320
321	夹竹桃科	倒吊笔 *Wrightia pubescens* R. Br.	永兴岛	YXD337
322	茜草科	小牙草 *Dentella repens* (L.) J. R. Forst. et G. Forst.	永兴岛	西沙队 3372、李泽贤等 5487
323	茜草科	*白蟾 *Gardenia jasminoides* J. Ellis var. *fortuneana* (Lindl.) H. Hara	永兴岛	—
324	茜草科	海岸桐 *Guettarda speciosa* L.	永兴岛、石岛、东岛、中建岛、晋卿岛、琛航岛、广金岛、金银岛、甘泉岛、珊瑚岛、西沙洲、赵述岛、北岛、中岛、南岛、中沙洲	张宏达 4112、西沙队 3201、西沙队 3371、李泽贤等 5389、YXD31、ND7、ZD6、BD37、ZSZ6、xsz34、zs96、JQ029
325	茜草科	*长隔木 *Hamelia patens* Jacq.	赵述岛	zs174
326	茜草科	双花耳草 *Hedyotis biflora* (L.) Lam.	珊瑚岛、永兴岛	YXD345
327	茜草科	伞房花耳草 *Hedyotis corymbosa* (L.) Lam.	永兴岛、石岛、东岛、琛航岛、金银岛、珊瑚岛、北岛、赵述岛、晋卿岛	西沙队 3323、李泽贤等 5418、YXD74、BD11、zs70
328	茜草科	白花蛇舌草 *Hedyotis diffusa* Willd.	北岛、永兴岛、金银岛	YXD185、BD47
329	茜草科	*龙船花 *Ixora chinensis* Lam.	永兴岛、石岛、晋卿岛、甘泉岛	YXD364
330	茜草科	*小叶龙船花 *Ixora coccinea* L. 'Xiaoye'	永兴岛、赵述岛	zs1、YXD58
331	茜草科	*大叶龙船花 *Ixora grandifolia* Zoll. et Moritzi	永兴岛、赵述岛	zs61、YXD105
332	茜草科	盖裂果 *Mitracarpus hirtus* (L.) DC.	永兴岛	YXD231
333	茜草科	海滨木巴戟 *Morinda citrifolia* L.	永兴岛、石岛、东岛、中建岛、晋卿岛、琛航岛、广金岛、金银岛、甘泉岛、珊瑚岛、赵述岛、北岛、南岛、西沙洲、银屿、鸭公岛、筐仔北岛	西沙队 3238、李泽贤等 5387、YXD173、BD18、xsz33、zs73、JQ013
334	茜草科	鸡眼藤 *Morinda parvifolia* Bartl. ex DC.	西沙洲	xsz51
335	茜草科	鸡矢藤 *Paederia foetida* L.	永兴岛	—
336	茜草科	*五星花 *Pentas lanceolata* (Forssk.) Deflers	永兴岛	—
337	茜草科	墨苜蓿 *Richardia scabra* L.	永兴岛	YXD225
338	茜草科	阔叶丰花草 *Spermacoce alata* Aublet	美洲礁	—

（续）

序号	科名	物种名	分布	标本
339	茜草科	糙叶丰花草 *Spermacoce hispida* L.	永兴岛、金银岛、赵述岛	西沙队 3221、李泽贤等 5504、YXD128、zs142
340	茜草科	丰花草 *Spermacoce pusilla* Wall.	永兴岛、东岛、西沙洲	xsz19
341	茜草科	光叶丰花草 *Spermacoce remota* Lamarck	永兴岛、赵述岛、西沙洲	邓双文 170、zs134、YXD96、JQ037
342	忍冬科	* 华南忍冬 *Lonicera confusa* DC.	永兴岛	YXD326
343	菊科	藿香蓟 *Ageratum conyzoides* L.	永兴岛、赵述岛、北岛、晋卿岛	zs181、YXD129、BD48
344	菊科	钻叶紫菀 *Aster subulatus* (Michaux) G. L. Nesom	永兴岛、赵述岛	zs22、YXD297
345	菊科	鬼针草 *Bidens pilosa* L.	东岛、西沙洲	张宏达 4096、xsz8
346	菊科	金盏银盘 *Bidens biternata* (Lour.) Merr. et Sherff	—	—
347	菊科	白花鬼针草 *Bidens pilosa* L. var. *radiata* Sch. Bip.	永兴岛、赵述岛、晋卿岛、银屿	YXD150、zs14
348	菊科	柔毛艾纳香 *Blumea axillaris* (Lam.) DC.	永兴岛、晋卿岛	YXD214、JQ005
349	菊科	石胡荽 *Centipeda minima* (L.) A. Br. et Aschers.	永兴岛	YXD186
350	菊科	* 菊花 *Chrysanthemum morifolium* Ramat.	永兴岛	—
351	菊科	飞机草 *Chromolaena odorata* (L.) R. M. King et H. Robinson	永兴岛、赵述岛、石岛、东岛、琛航岛、金银岛、珊瑚岛、晋卿岛、甘泉岛	西沙队 3240、李泽贤等 5391、YXD61、zs21
352	菊科	* 栽培菊苣 *Cichorium endivia* L.	永兴岛	—
353	菊科	香丝草 *Erigeron bonariensis* L.	永兴岛、赵述岛	西沙队 3294 、YXD259、zs137
354	菊科	野茼蒿 *Crassocephalum crepidioides* (Benth.) S. Moore	永兴岛	YXD269
355	菊科	鳢肠 *Eclipta prostrata* (L.) L.	永兴岛、赵述岛、东岛、晋卿岛、银屿	西沙队 3218、李泽贤等 5369、YXD134、zs55
356	菊科	离药金腰箭 *Eleutheranthera ruderalis* (Sw.) Sch. Bip.	赵述岛	zs145
357	菊科	一点红 *Emilia sonchifolia* (L.) DC. ex Wight	赵述岛、西沙洲、永兴岛	YXD98、xsz49、zs35
358	菊科	败酱叶菊芹 *Erechtites valerianifolius* (Link ex Sprengel) DC.	永兴岛	YXD273
359	菊科	小蓬草 *Erigeron canadensis* L.	永兴岛、晋卿岛	YXD54
360	菊科	* 红凤菜 *Gynura bicolor* (Willd.) DC.	赤瓜礁	—
361	菊科	白子菜 *Gynura divaricata* (L.) DC.	永兴岛、石岛、琛航岛、金银岛、珊瑚岛	—
362	菊科	* 平卧菊三七 *Gynura procumbens* (Lour.) Merr.	永兴岛	YXD159、YXD304
363	菊科	* 向日葵 *Helianthus annuus* L.	永兴岛	—
364	菊科	* 莴苣 *Lactuca sativa* L.	永兴岛	—
365	菊科	* 生菜 *Lactuca sativa* L. var. *ramosa* Hort.	永兴岛、赵述岛	YXD155、zs131
366	菊科	蔓茎栓果菊 *Launaea sarmentosa* (Willd.) Sch. Bip. ex Kuntze	永兴岛、琛航岛、珊瑚岛	西沙队 3318、李泽贤等 5458
367	菊科	薇甘菊 *Mikania micrantha* Kunth	永兴岛	YXD325
368	菊科	银胶菊 *Parthenium hysterophorus* L.	永兴岛	YXD230
369	菊科	阔苞菊 *Pluchea indica* (L.) Less.	华阳礁	—

（续）

序号	科名	物种名	分布	标本
370	菊科	假臭草 *Praxelis clematidea* (Griseb.) R. M. King et H. Rob.	赵述岛、西沙洲、北岛、永兴岛、晋卿岛	YXD114、BD63、xsz20、zs9
371	菊科	苦苣菜 *Sonchus oleraceus* L.	永兴岛	YXD67
372	菊科	苣荬菜 *Sonchus wightianus* DC.	永兴岛	YXD203
373	菊科	* 美洲蟛蜞菊 *Sphagneticola trilobata* (L.) J. F. Pruski	西沙洲、永兴岛、赵述岛、石岛、东岛、琛航岛、广金岛、金银岛、珊瑚岛、晋卿岛、银屿	xsz18、zs25、YXD19
374	菊科	金腰箭 *Synedrella nodiflora* (L.) Gaertn.	晋卿岛	JQ045
375	菊科	羽芒菊 *Tridax procumbens* L.	赵述岛、北岛、永兴岛、石岛、东岛、中建岛、晋卿岛、琛航岛、广金岛、金银岛、甘泉岛、珊瑚岛、银屿	张宏达4111、西沙队3254、李泽贤等5416、YXD17、BD76、zs60
376	菊科	夜香牛 *Vernonia cinerea* (L.) Less.	赵述岛、西沙洲、永兴岛、石岛、东岛、中建岛、琛航岛、金银岛、珊瑚岛、晋卿岛	西沙队3384、李泽贤等5406、YXD56、xsz16、zs59
377	菊科	咸虾花 *Vernonia patula* (Dryand.) Merr.	东岛	张宏达4128、西沙队3401
378	菊科	李花蟛蜞菊 *Wollastonia biflora* (L.) DC.	永兴岛、石岛、东岛、中建岛、晋卿岛、琛航岛、金银岛、甘泉岛、珊瑚岛、西沙洲、赵述岛、北岛、中岛、南岛、南沙洲	张宏达4122、西沙队3222、李泽贤等5498、YXD22、ND12、BD70、xsz35
379	菊科	黄鹌菜 *Youngia japonica* (L.) DC.	永兴岛、晋卿岛	YXD370
380	草海桐科	草海桐 *Scaevola taccada* (Gaertn.) Roxb.	赵述岛、西沙洲、南沙洲、中沙洲、北沙洲、北岛、中岛、南岛、永兴岛、石岛、东岛、中建岛、晋卿岛、琛航岛、广金岛、筐仔北岛、金银岛、甘泉岛、珊瑚岛、银屿、鸭公岛	张宏达4115、西沙队3237、李泽贤等5467、YXD5、ND1、ZD2、BD15、BSZ1、ZSZ4、NSZ3、xsz5、zs49
381	紫草科	* 基及树 *Carmona microphylla* (Lam.) G. Don	永兴岛、赵述岛	YXD254、zs148
382	紫草科	橙花破布木 *Cordia subcordata* Lam.	永兴岛、石岛、东岛、晋卿岛、琛航岛、金银岛、甘泉岛、珊瑚岛	西沙队3216、李泽贤等5385、YXD265、GQ001
383	紫草科	台湾厚壳树 *Ehretia resinosa* Hance	太平岛	—
384	紫草科	大尾摇 *Heliotropium indicum* L.	永兴岛	西沙队3325、李泽贤等5484、YXD76
385	紫草科	伏毛天芹菜 *Heliotropium procumbens* Mill. var. *depressum* (Cham.) H. Y. Liu	太平岛、东沙岛	—
386	紫草科	银毛树 *Tournefortia argentea* L. f.	永兴岛、石岛、东岛、中建岛、晋卿岛、琛航岛、广金岛、筐仔北岛、金银岛、甘泉岛、珊瑚岛、鸭公岛、银屿、西沙洲、赵述岛、北岛、中岛、南岛、北沙洲、中沙洲、南沙洲	张宏达4114、西沙队3236、YXD40、ND5、ZD4、BD17、BSZ2、ZSZ3、NSZ5、xsz7、zs80

（续）

序号	科名	物种名	分布	标本
387	茄科	*辣椒 *Capsicum annuum* L.	永兴岛、赵述岛、东岛、中建岛、晋卿岛、琛航岛、金银岛、珊瑚岛	zs127、YXD141
388	茄科	*朝天椒 *Capsicum annuum* L. var. *conoides* (Mill.) Irish	永兴岛	—
389	茄科	*菜椒 *Capsicum annuum* L. var. *grossum* (L.) Sendtn.	永兴岛	—
390	茄科	*小米椒 *Capsicum frutescens* L.	赵述岛、甘泉岛、筐仔北岛	zs129
391	茄科	*夜香树 *Cestrum nocturnum* L.	永兴岛	YXD106
392	茄科	白花曼陀罗 *Datura metel* L.	永兴岛、赵述岛、琛航岛、珊瑚岛	西沙队3242、李泽贤等5382、YXD43、zs86
393	茄科	*番茄 *Lycopersicon esculentum* Mill.	赵述岛、北岛、永兴岛、东岛、琛航岛	YXD302、zs106、BD34
394	茄科	*烟草 *Nicotiana tabacum* L.	永兴岛	—
395	茄科	苦蘵 *Physalis angulata* L.	永兴岛、赵述岛、甘泉岛	西沙队3203、李泽贤等5403、YXD73、zs26、zs30、JQ028
396	茄科	小酸浆 *Physalis minima* L.	永兴岛	YXD175
397	茄科	少花龙葵 *Solanum americanum* Mill.	永兴岛、东岛、晋卿岛、甘泉岛、珊瑚岛、赵述岛、北岛	西沙队3211、李泽贤等5376、YXD32、YXD205、BD44、zs19、zs56
398	茄科	*茄 *Solanum melongena* L.	永兴岛、东岛、中建岛、金银岛、珊瑚岛、北岛、甘泉岛	YXD310、BD35
399	茄科	龙葵 *Solanum nigrum* L.	太平岛、东沙岛	—
400	茄科	*珊瑚樱 *Solanum pseudocapsicum* L.	永兴岛	—
401	茄科	海南茄 *Solanum procumbens* Lour.	永兴岛、赵述岛	YXD322
402	茄科	*马铃薯 *Solanum tuberosum* L.	永兴岛、晋卿岛	—
403	茄科	野茄 *Solanum undatum* Lam.	永兴岛	西沙队3198
404	旋花科	土丁桂 *Evolvulus alsinoides* (L.) L.	甘泉岛、永兴岛	西沙队3357
405	旋花科	猪菜藤 *Hewittia malabarica* (L.) Suresh	永兴岛、晋卿岛	西沙队3345、YXD282、JQ012
406	旋花科	*蕹菜 *Ipomoea aquatica* Forssk.	永兴岛、石岛、东岛、中建岛、金银岛、珊瑚岛、赵述岛、北岛、晋卿岛、甘泉岛	YXD142、BD30、zs124
407	旋花科	*番薯 *Ipomoea batatas* (L.) Lam.	北岛、永兴岛、石岛、中建岛、筐仔北岛、金银岛、赵述岛、银屿	YXD152、BD31、zs99
408	旋花科	五爪金龙 *Ipomoea cairica* (L.) Sweet	华阳礁	—
409	旋花科	变色牵牛 *Ipomoea indica* (Burm.) Merr.	东岛	西沙队3396
410	旋花科	南沙薯藤 *Ipomoea littoralis* (L.) Boiss.	太平岛	—
411	旋花科	牵牛 *Ipomoea nil* (L.) Roth	永兴岛	李泽贤等5496
412	旋花科	小心叶薯 *Ipomoea obscura* (L.) Ker Gawler	永兴岛、东岛、琛航岛、金银岛、珊瑚岛、北岛、晋卿岛	西沙队3251、李泽贤等5494、YXD72、BD49

（续）

序号	科名	物种名	分布	标本
413	旋花科	厚藤*Ipomoea pes-caprae* (L.) R. Brown	永兴岛、石岛、东岛、盘石屿、中建岛、晋卿岛、琛航岛、广金岛、筐仔北岛、金银岛、甘泉岛、珊瑚岛、银屿、西沙洲、赵述岛、北岛、中岛、南岛、南沙洲	西沙队3223、李泽贤等5469、YXD6、ND11、ZD7、BD6、NSZ10、xsz2、zs42
414	旋花科	虎掌藤*Ipomoea pes-tigridis* L.	永兴岛、珊瑚岛、北岛	西沙队3332 、YXD167、BD60
415	旋花科	羽叶薯*Ipomoea polymorpha* Roem. et Schult.	金银岛	—
416	旋花科	管花薯*Ipomoea violacea* L.	西沙洲、南沙洲、永兴岛、盘石屿、中建岛、晋卿岛、琛航岛、广金岛、金银岛、甘泉岛、珊瑚岛、鸭公岛、赵述岛、北岛、中岛、南岛、筐仔北岛	张宏达4123、西沙队3199、李泽贤等5384、YXD68、ZD5、ND9、BD9、NSZ9、xsz44、zs77
417	旋花科	小牵牛*Jacquemontia paniculata* (Burm. f.) Hall. f.	永兴岛	西沙队3320、李泽贤等5511
418	旋花科	地旋花*Xenostegia tridentata* (L.) D. F. Austin et Staples	北岛、永兴岛	BD41、YXD204
419	玄参科	假马齿苋*Bacopa monnieri* (L.) Pennell	赵述岛	李泽贤等5527、zs13
420	玄参科	长蒴母草*Lindernia anagallis* (Burm. f.) Pennell	永兴岛	YXD248
421	玄参科	母草*Lindernia crustacea* (L.) F. Muell.	永兴岛	YXD245
422	玄参科	野甘草*Scoparia dulcis* L.	北岛、永兴岛、晋卿岛	BD29、YXD182、JQ036
423	玄参科	独脚金*Striga asiatica* (L.) Kuntze	赵述岛	ZS20190625002
424	紫葳科	*吊灯树*Kigelia africana* (Lam.) Benth.	永兴岛	YXD349
425	紫葳科	*炮仗花*Pyrostegia venusta* (Ker Gawl.) Miers	永兴岛	YXD363
426	紫葳科	*海南菜豆树*Radermachera hainanensis* Merr.	永兴岛	YXD351
427	爵床科	穿心莲*Andrographis paniculata* (Burm. f.) Wall. ex Nees	永兴岛	—
428	爵床科	*宽叶十万错*Asystasia gangetica* (L.) T. Anders.	永兴岛	YXD168
429	爵床科	小花宽叶十万错*Asystasia gangetica* (L.) T. Anders. subsp. *micrantha* (Nees) Ensermu	永兴岛	邓双文125、YXD371
430	爵床科	*拟美花*Pseuderanthemum reticulatum* Radlk.	北岛、永兴岛	YXD356、YXD250、BD7
431	爵床科	赛山蓝*Ruellia blechum* L.	太平岛	—
432	爵床科	*翠芦莉*Ruellia simplex* C. Wright	永兴岛	YXD93
433	爵床科	*直立山牵牛 *Thunbergia erecta* (Benth.) T. Anderson	永兴岛	YXD352、YXD353
434	苦槛蓝科	苦槛蓝*Pentacoelium bontioides* Siebold et Zucc.	永兴岛	—
435	马鞭草科	大青 *Clerodendrum cyrtophyllum* Turcz.	永兴岛	YXD366
436	马鞭草科	苦郎树 *Clerodendrum inerme* (L.) Gaertn.	永兴岛、甘泉岛、珊瑚岛	西沙队3352、李泽贤等5424、GQ005
437	马鞭草科	白萼桢桐*Clerodendrum thomsoniae* Balf.	—	—
438	马鞭草科	*假连翘*Duranta erecta* L.	永兴岛	YXD232

（续）

序号	科名	物种名	分布	标本
439	马鞭草科	马缨丹 *Lantana camara* L.	永兴岛、东岛、晋卿岛、琛航岛、金银岛、甘泉岛、珊瑚岛、赵述岛	YXD244、zs88、JQ014
440	马鞭草科	过江藤 *Phyla nodiflora* (L.) Greene	永兴岛、石岛、东岛、甘泉岛、珊瑚岛、赵述岛	张宏达4105、西沙队3253、李泽贤等5429、YXD2、zs133、GQ009
441	马鞭草科	伞序臭黄荆 *Premna serratifolia* L.	东岛	张宏达4127、西沙队3398、李泽贤等5553
442	马鞭草科	假马鞭 *Stachytarpheta jamaicensis* (L.) Vahl	赵述岛、西沙洲、北岛、永兴岛、石岛、东岛、中建岛、晋卿岛、琛航岛、广金岛、金银岛、甘泉岛、珊瑚岛、银屿	西沙队3255、李泽贤等5381、YXD29、BD51、xsz48、zs15、zs23
443	马鞭草科	单叶蔓荆 *Vitex rotundifolia* L. f.	永兴岛、珊瑚岛、银屿、甘泉岛	李泽贤等5431、YY004
444	唇形科	山香 *Hyptis suaveolens* (L.) Poit.	永兴岛	西沙队3336、李泽贤等5548
445	唇形科	益母草 *Leonurus japonicus* Houtt.	永兴岛、赵述岛	YXD151、zs125
446	唇形科	蜂巢草 *Leucas aspera* (Willd.) Link	永兴岛	西沙队3276、YXD361
447	唇形科	疏毛白绒草 *Leucas mollissima* Wall. var. *chinensis* Benth.	晋卿岛	JQ049
448	唇形科	疏柔毛罗勒 *Ocimum basilicum* L. var. *pilosum* (Willd.) Benth.	永兴岛	—
449	唇形科	* 罗勒 *Ocimum basilicum* L.	永兴岛、太平岛、东沙岛	—
450	唇形科	圣罗勒 *Ocimum sanctum* L.	永兴岛	西沙队3338
451	水鳖科	小喜盐草 *Halophila minor* (Zoll.) Hartog	—	—
452	水鳖科	喜盐草 *Halophila ovalis* (R. Br.) Hook. f.	银屿、西沙洲	xsz52
453	水鳖科	泰来藻 *Thalassia hemprichii* (Ehrenb. ex Solms) Asch.	西沙洲、南沙洲、北岛、晋卿岛	BD69、NSZ14、xsz54、JQ038
454	川蔓藻科	川蔓藻 *Ruppia maritima* L.	琛航岛	西沙队3364
455	丝粉藻科	丝粉藻 *Cymodocea rotundata* Asch. et Schweinf.	永兴岛、广金岛、珊瑚岛	—
456	丝粉藻科	二药藻 *Halodule uninervis* (Forsskal) Ascherson	东沙岛	—
457	丝粉藻科	针叶藻 *Syringodium isoetifolium* (Asch.) Dandy	东沙岛	—
458	茨藻科	草茨藻 *Najas graminea* Delile	东岛	—
459	鸭跖草科	饭包草 *Commelina benghalensis* L.	永兴岛、石岛、珊瑚岛	西沙队3322、YXD300
460	鸭跖草科	节节草 *Commelina diffusa* Burm. f.	永兴岛	李泽贤等5542
461	鸭跖草科	* 小蚌兰 *Tradescantia spathacea* Sw. ‘Compacta’	永兴岛	YXD240
462	鸭跖草科	* 紫背万年青 *Tradescantia spathacea* Sw.	永兴岛、东岛、琛航岛、金银岛、珊瑚岛	—
463	凤梨科	* 菠萝 *Ananas comosus* (L.) Merr.	永兴岛	YXD136
464	凤梨科	* 金边凤梨 *Ananas comosus* (L.) Merr. var. *variegatus* (Nois) Moldenke	永兴岛	YXD251

（续）

序号	科名	物种名	分布	标本
465	芭蕉科	*香蕉 *Musa acuminata* Colla	永兴岛、东岛、琛航岛、金银岛	YXD211
466	芭蕉科	*大蕉 *Musa* × *paradisiaca* L.	永兴岛	—
467	旅人蕉科	*黄鹦鹉蝎尾蕉 *Heliconia psittacorum* × *H. spathocircinata* ‘Yellow Parrot’	永兴岛	—
468	旅人蕉科	*金嘴蝎尾蕉 *Heliconia rostrata* Ruiz et Pav.	赵述岛	zs175
469	旅人蕉科	*黄蝎尾蕉 *Heliconia subulata* Ruiz et Pav.	永兴岛	YXD272
470	旅人蕉科	*旅人蕉 *Ravenala madagascariensis* Sonn.	永兴岛、赵述岛、晋卿岛	YXD89、zs82
471	旅人蕉科	*鹤望兰 *Strelitzia reginae* Aiton	北岛	BD53
472	姜科	*艳山姜 *Alpinia zerumbet* (Pers.) B. L. Burtt. et R. M. Sm.	赵述岛	zs36
473	姜科	*山柰 *Kaempferia galanga* L.	永暑礁	—
474	姜科	*姜 *Zingiber officinale* Roscoe	永兴岛、赵述岛	YXD163、YXD278、zs110
475	美人蕉科	*大花美人蕉 *Canna* × *generalis* L. H. Bailey et E. Z. Bailey	永兴岛	—
476	美人蕉科	*美人蕉 *Canna indica* L.	永兴岛	—
477	百合科	*火葱 *Allium ascalonicum* L.	银屿	—
478	百合科	*葱 *Allium fistulosum* L.	永兴岛、石岛、中建岛、珊瑚岛、赵述岛、甘泉岛、晋卿岛	YXD154、zs108
479	百合科	*蒜 *Allium sativum* L.	永兴岛、中建岛、金银岛、赵述岛	YXD158、zs118
480	百合科	*韭 *Allium tuberosum* Rottler ex Spreng.	永兴岛、赵述岛、银屿、晋卿岛	YXD133、zs109
481	百合科	*芦荟 *Aloe vera* (L.) Burm. f.	永兴岛、金银岛、甘泉岛	YXD140
482	百合科	天门冬 *Asparagus cochinchinensis* (Lour.) Merr.	永兴岛	YXD359
483	百合科	小花吊兰 *Chlorophytum laxum* R. Br.	晋卿岛	JQ003
484	百合科	*朱蕉 *Cordyline fruticosa* (L.) A. Chev.	永兴岛、赵述岛、甘泉岛	YXD237、zs169
485	百合科	*亮叶朱蕉 *Cordyline fruticosa* (L.) A. Chev. ‘Aichiaka’	永兴岛	—
486	百合科	*花叶山菅兰 *Dianella ensifolia* (L.) Redouté ‘Silvery Stripe’	永兴岛	YXD174
487	百合科	*海南龙血树 *Dracaena cambodiana* Pierre ex Gagnep.	赵述岛、北岛、永兴岛	YXD102、YXD196、BD58、zs144
488	百合科	*香龙血树 *Dracaena fragrans* Ker Gawl.	永兴岛	YXD324、YXD277
489	百合科	*富贵竹 *Dracaena sanderiana* Sander	永兴岛	YXD125
490	百合科	*山麦冬 *Liriope spicata* (Thunb.) Lour.	永兴岛	—
491	雨久花科	凤眼蓝 *Eichhornia crassipes* (Mart.) Solms	永兴岛	—
492	天南星科	海芋 *Alocasia macrorrhiza* (L.) Schott	永兴岛、晋卿岛	YXD91、JQ002
493	天南星科	*芋 *Colocasia esculenta* (L.) Schott	永兴岛	—
494	天南星科	*黛粉叶 *Dieffenbachia picta* Schott	永兴岛	YXD327

（续）

序号	科名	物种名	分布	标本
495	天南星科	*绿萝 *Epipremnum aureum* (Linden et André) G. S. Bunting	永兴岛、鸭公岛	YXD280
496	天南星科	麒麟叶 *Epipremnum pinnatum* (L.) Engl.	赵述岛	zs178
497	天南星科	*羽叶喜林芋 *Philodendron bipinnatifidum* Schott ex Endl.	永兴岛	YXD329
498	天南星科	*白鹤芋 *Spathiphyllum kochii* Engl. et K. Krause	永兴岛	YXD328
499	天南星科	*合果芋 *Syngonium podophyllum* Schott	永兴岛	YXD261
500	天南星科	犁头尖 *Typhonium blumei* Nicolson et Sivadasan	太平岛	—
501	天南星科	*雪铁芋 *Zamioculcas zamiifolia* (Lodd.) Engl.	永兴岛、赵述岛、晋卿岛、银屿	YXD267、zs98
502	石蒜科	文殊兰 *Crinum asiaticum* L. var. *sinicum* (Roxb. ex Herb.) Baker	永兴岛、赵述岛	zs78
503	石蒜科	*花朱顶红 *Hippeastrum vittatum* (L'Hér.) Herb.	永兴岛	—
504	石蒜科	*水鬼蕉 *Hymenocallis littoralis* (Jacq.) Salisb.	永兴岛、赵述岛、石岛、西沙洲、晋卿岛、银屿、鸭公岛	YXD120、xsz11、zs58
505	薯蓣科	参薯 *Dioscorea alata* L.	永兴岛	YXD165、YXD166
506	龙舌兰科	*龙舌兰 *Agave americana* L.	甘泉岛、珊瑚岛	—
507	龙舌兰科	*金边龙舌兰 *Agave americana* L. var. *variegata* Nichols	永兴岛、金银岛、甘泉岛、珊瑚岛	YXD99
508	龙舌兰科	*银边龙舌兰 *Agave americana* L. var. *marginata-alba* L.	甘泉岛	—
509	龙舌兰科	*剑麻 *Agave sisalana* Perrine ex Engelm.	永兴岛、赵述岛、石岛、中建岛、琛航岛、金银岛、珊瑚岛	YXD20、YXD189、zs63
510	龙舌兰科	*酒瓶兰 *Beaucarnea recurvata* Lem.	永兴岛	YXD252
511	龙舌兰科	*虎尾兰 *Sansevieria trifasciata* Prain	永兴岛	—
512	棕榈科	*槟榔 *Areca catechu* L.	永兴岛	—
513	棕榈科	*三药槟榔 *Areca triandra* Roxb. ex Buch.-Ham.	永兴岛	—
514	棕榈科	*山棕 *Arenga engleri* Becc.	永兴岛	—
515	棕榈科	*鱼尾葵 *Caryota maxima* Blume ex Mart.	永兴岛	—
516	棕榈科	*短穗鱼尾葵 *Caryota mitis* Lour.	永兴岛、晋卿岛	YXD307
517	棕榈科	*袖珍椰子 *Chamaedorea elegans* Mart.	永兴岛	—
518	棕榈科	*椰子 *Cocos nucifera* L.	永兴岛、石岛、东岛、中建岛、晋卿岛、琛航岛、广金岛、筐仔北岛、金银岛、珊瑚岛、鸭公岛、西沙洲、赵述岛、北岛、南沙洲、银屿、甘泉岛	YXD42、BD1、NSZ11、zs5、xsz4
519	棕榈科	*散尾葵 *Dypsis lutescens* (H. Wendl.) Beentje et J. Dransf.	永兴岛、赵述岛	YXD110、YXD143、zs94
520	棕榈科	*酒瓶椰 *Hyophorbe lagenicaulis* (L. H. Bailey) H. E. Moore	永兴岛	YXD306
521	棕榈科	*蓝脉葵 *Latania loddigesii* Mart.	永兴岛、赵述岛	zs71、YXD283

（续）

序号	科名	物种名	分布	标本
522	棕榈科	*蒲葵 *Livistona chinensis* (Jacq.) R. Br. ex Mart.	永兴岛、赵述岛	YXD101、zs85
523	棕榈科	*加拿利海枣 *Phoenix canariensis* Chabaud	赵述岛	zs46
524	棕榈科	*海枣 *Phoenix dactylifera* L.	—	—
525	棕榈科	*江边刺葵 *Phoenix roebelenii* O'Brien	永兴岛	YXD257、YXD308
526	棕榈科	*银海枣 *Phoenix sylvestris* (L.) Roxb.	永兴岛	YXD92
527	棕榈科	*丝葵 *Washingtonia filifera* (Lind. ex Andre) H. Wendl.	银屿	—
528	棕榈科	*狐尾椰 *Wodyetia bifurcata* A. K. Irvine	永兴岛	YXD191
529	露兜树科	露兜树 *Pandanus tectorius* Parkinson ex Du Roi	永兴岛、广金岛、甘泉岛、珊瑚岛、赵述岛、西沙洲	西沙队 3313、李泽贤等 5442、zs170、xsz1
530	露兜树科	*红刺露兜树 *Pandanus utilis* Bory	赵述岛、永兴岛、北岛、晋卿岛、银屿	zs62、BD56、YXD187
531	露兜树科	*斑叶露兜树 *Pandanus veitchii* Mast.	永兴岛、赵述岛	zs54、YXD243
532	兰科	*黄兰 *Cephalantheropsis obcordata* (Lindl.) Ormerod	永兴岛	—
533	兰科	美冠兰 *Eulophia graminea* Lindl.	永兴岛	李泽贤等 5378、YXD77
534	莎草科	扁穗莎草 *Cyperus compressus* L.	永兴岛、北岛、东岛、琛航岛、金银岛	西沙队 3324 、YXD246、BD62
535	莎草科	砖子苗 *Cyperus cyperoides* (L.) Kuntze	永兴岛	西沙队 3345
536	莎草科	疏穗莎草 *Cyperus distans* L. f.	永兴岛	西沙队 3341
537	莎草科	碎米莎草 *Cyperus iria* L.	美济礁	—
538	莎草科	羽状穗砖子苗 *Cyperus javanicus* Houtt.	永兴岛、石岛、东岛、甘泉岛、赵述岛	西沙队 3224、李泽贤等 5372、YXD26、zs176
539	莎草科	香附子 *Cyperus rotundus* L.	永兴岛、石岛、东岛、中建岛、琛航岛、金银岛、甘泉岛、珊瑚岛、北岛、赵述岛	西沙队 3225 、YXD51、BD10、zs182
540	莎草科	粗根茎莎草 *Cyperus stoloniferus* Retz.	北岛、永兴岛、晋卿岛、甘泉岛	西沙队 3284、李泽贤等 5485、YXD3、BD77、JQ040
541	莎草科	佛焰苞飘拂草 *Fimbristylis cymosa* (Lam.) R. Br. var. *spathacea* (Roth) T. Koyama	北岛、永兴岛、赵述岛、东岛、晋卿岛、琛航岛、广金岛、甘泉岛、中沙洲、南沙洲	西沙队 3347、李泽贤等 5462、李泽贤等 5468、YXD11、BD28、ZSZ9、NSZ12、zs191、JQ021
542	莎草科	两歧飘拂草 *Fimbristylis dichotoma* (L.) Vahl	永兴岛	YXD258
543	莎草科	知风飘拂草 *Fimbristylis eragrostis* (Nees et Meyen) Hance	永兴岛	—
544	莎草科	锈鳞飘拂草 *Fimbristylis sieboldii* Miq. ex Franch. et Sav.	永兴岛、石岛、东岛、晋卿岛、琛航岛、广金岛、甘泉岛、珊瑚岛	西沙队 3283、李泽贤等 5493
545	莎草科	双穗飘拂草 *Fimbristylis subbispicata* Nees et Meyen	永兴岛	—
546	莎草科	短叶水蜈蚣 *Kyllinga brevifolia* Rottb.	永兴岛	西沙队 3213
547	莎草科	水蜈蚣 *Kyllinga polyphylla* Kunth	永兴岛	YXD374

（续）

序号	科名	物种名	分布	标本
548	莎草科	多穗扁莎 *Pycreus polystachyos* (Rottb.) P. Beauv.	永兴岛	西沙队3315、西沙队3340、李泽贤等5482、YXD202
549	莎草科	海滨莎 *Remirea maritima* Aubl.	西沙洲	—
550	禾本科	*凤尾竹 *Bambusa multiplex* (Lour.) Raeusch. ex Schult. et Schult. f. ‘Fernleaf’	永兴岛	YXD263、YXD309
551	禾本科	*龙头竹 *Bambusa vulgaris* Schrad. ex J. C. Wendl.	永兴岛	—
552	禾本科	*大佛肚竹 *Bambusa vulgaris* Schrader ex Wendland ‘Wamin’	永兴岛	—
553	禾本科	*坭竹 *Bambusa gibba* McClure	永兴岛	—
554	禾本科	*黄竹仔 *Bambusa mutabilis* McClure	永兴岛、赵述岛	zs93
555	禾本科	臭虫草 *Alloteropsis cimicina* (L.) Stapf	永兴岛	YXD294
556	禾本科	臭根子草 *Bothriochloa bladhii* (Retz.) S. T. Blake	永兴岛、晋卿岛	西沙队3314、李泽贤等5549、JQ053
557	禾本科	白羊草 *Bothriochloa ischaemum* (L.) Keng	永兴岛、赵述岛	YXD34、zs89
558	禾本科	多枝臂形草 *Brachiaria ramosa* (L.) Stapf	北岛、永兴岛、晋卿岛	BD23、JQ050
559	禾本科	四生臂形草 *Brachiaria subquadripara* (Trin.) Hitchc.	永兴岛、东岛、中建岛、晋卿岛、珊瑚岛、赵述岛、西沙洲、北岛、银屿、晋卿岛	西沙队3206、李泽贤等5410、李泽贤等5524、YXD52、BD22、xsz47、zs40
560	禾本科	毛臂形草 *Brachiaria villosa* (Lam.) A. Camus	永兴岛	西沙队3296
561	禾本科	蒺藜草 *Cenchrus echinatus* L.	永兴岛、东岛、西沙洲	xsz27
562	禾本科	孟仁草 *Chloris barbata* Sw.	赵述岛、西沙洲、永兴岛、晋卿岛	李泽贤等5473、YXD35、xsz36、zs39、JQ044
563	禾本科	台湾虎尾草 *Chloris formosana* (Honda) Keng ex B. S. Sun et Z. H. Hu	永兴岛、东岛、中建岛、金银岛、珊瑚岛、北岛、晋卿岛	西沙队3383、YXD146、BD45
564	禾本科	竹节草 *Chrysopogon aciculatus* (Retz.) Trin.	永兴岛、赵述岛	zs180
565	禾本科	狗牙根 *Cynodon dactylon* (L.) Pers.	永兴岛、东岛、中建岛、北岛、西沙洲、赵述岛、晋卿岛、银屿	西沙队3277、西沙队3330、李泽贤等5471、YXD70、BD13、xsz26、zs20
566	禾本科	弯穗狗牙根 *Cynodon radiatus* Roth ex Roem. et Schult.	永兴岛、银屿	西沙队3375、YY003
567	禾本科	龙爪茅 *Dactyloctenium aegyptium* (L.) Willd.	永兴岛、石岛、东岛、中建岛、金银岛、甘泉岛、珊瑚岛、赵述岛、北岛、晋卿岛、银屿	西沙队3205、西沙队3367、YXD24、BD21、zs32
568	禾本科	双花草 *Dichanthium annulatum* (Forssk.) Stapf	永兴岛	—
569	禾本科	异马唐 *Digitaria bicornis* (Lam.) Roem. et Schult.	晋卿岛	JQ023
570	禾本科	升马唐 *Digitaria ciliaris* (Retz.) Koeler	永兴岛	西沙队3215、西沙队3233、西沙队3377、李泽贤等5497、YXD194、YXD201

（续）

序号	科名	物种名	分布	标本
571	禾本科	毛马唐 *Digitaria ciliaris* (Retz.) Koeler var. *chrysoblephara* (Figari et De Notaris) R. R. Stewart	永兴岛、中建岛、金银岛、银屿	—
572	禾本科	亨利马唐 *Digitaria henryi* Rendle	东沙岛	—
573	禾本科	二型马唐 *Digitaria heterantha* (Hook. f.) Merr.	永兴岛、赵述岛、石岛、金银岛、晋卿岛	李泽贤等5523、YXD27、zs140、zs186
574	禾本科	长花马唐 *Digitaria longiflora* (Retz.) Pers.	晋卿岛、筐仔北岛	JQ046
575	禾本科	绒马唐 *Digitaria mollicoma* (Kunth) Henr.	晋卿岛	—
576	禾本科	红尾翎 *Digitaria radicosa* (J. Presl) Miq.	永兴岛、晋卿岛、琛航岛、广金岛	邓双文162
577	禾本科	马唐 *Digitaria sanguinalis* (L.) Scop.	—	李泽贤等5409
578	禾本科	紫马唐 *Digitaria violascens* Link	赵述岛	zs149
579	禾本科	海南马唐 *Digitaria setigera* Roth ex Roem. et Schult.	永兴岛、赵述岛、北岛、晋卿岛	YXD112、BD52、zs12、zs183、zs185、zs187、西沙队3247、西沙队3339、李泽贤等5543
580	禾本科	光头稗 *Echinochloa colona* (L.) Link	永兴岛、赵述岛、筐仔北岛	YXD346、zs52、zs141
581	禾本科	牛筋草 *Eleusine indica* (L.) Gaertn.	永兴岛、石岛、东岛、中建岛、琛航岛、金银岛、珊瑚岛、赵述岛、北岛、晋卿岛、银屿、筐仔北岛	西沙队3248、李泽贤等5407、YXD50、BD12、zs38、zs53
582	禾本科	肠须草 *Enteropogon dolichostachyus* (Lag.) Keng ex Lazarides	赵述岛	zs37
583	禾本科	长画眉草 *Eragrostis brownii* (Kunth) Nees	永兴岛、北岛	李泽贤等5522、YXD207、BD24
584	禾本科	画眉草 *Eragrostis pilosa* (L.) P. Beauv.	永兴岛	YXD20190625003
585	禾本科	鲫鱼草 *Eragrostis tenella* (L.) P. Beauv. ex Roem. et Schult.	东岛、永兴岛、赵述岛、晋卿岛、琛航岛、金银岛、珊瑚岛	张宏达4102、西沙队3214、李泽贤等5370、YXD55、zs146
586	禾本科	高野黍 *Eriochloa procera* (Retz.) C. E. Hubb.	永兴岛、甘泉岛、赵述岛、晋卿岛	西沙队3202、西沙队3316、zs190
587	禾本科	黄茅 *Heteropogon contortus* (L.) P. Beauv. ex Roem. et Schult.	永兴岛	李泽贤等5476、YXD284、YXD291
588	禾本科	白茅 *Imperata cylindrica* (L.) P. Beauv.	赵述岛、西沙洲、永兴岛	YXD314、xsz21、zs44
589	禾本科	千金子 *Leptochloa chinensis* (L.) Nees	永兴岛	—
590	禾本科	虮子草 *Leptochloa panicea* (Retz.) Ohwi	赵述岛	zs192
591	禾本科	细穗草 *Lepturus repens* (G. Forst.) R. Br.	永兴岛、石岛、东岛、中建岛、晋卿岛、琛航岛、金银岛、珊瑚岛、银屿、西沙洲、赵述岛、北岛、南岛、北沙洲、中沙洲、南沙洲、中岛、甘泉岛、筐仔北岛	YXD8、YXD16、ND2、ZD1、BD26、BD72、BSZ3、ZSZ1、NSZ2、xsz3、zs102
592	禾本科	红毛草 *Melinis repens* (Willd.) Zizka	永兴岛、西沙洲、北岛	李泽贤等5404、BD74、YXD295、xsz15

（续）

序号	科名	物种名	分布	标本
593	禾本科	芒 *Miscanthus sinensis* Andersson	西沙洲、永兴岛	YXD145、YXD343、xsz45
594	禾本科	类芦 *Neyraudia reynaudiana* (Kunth) Keng ex Hitchc.	晋卿岛	JQ020
595	禾本科	蛇尾草 *Ophiuros exaltatus* (L.) Kuntze	中岛	—
596	禾本科	稻 *Oryza sativa* L.	永兴岛	YXD271
597	禾本科	露籽草 *Ottochloa nodosa* (Kunth) Dandy	永兴岛	YXD335
598	禾本科	短叶黍 *Panicum brevifolium* L.	永兴岛	YXD223
599	禾本科	大黍 *Panicum maximum* Jacq.	晋卿岛	—
600	禾本科	铺地黍 *Panicum repens* L.	永兴岛、东岛、琛航岛、广金岛、甘泉岛、珊瑚岛、赵述岛、西沙洲	西沙队3246、YXD71、YXD279、xsz12、zs41、zs139
601	禾本科	两耳草 *Paspalum conjugatum* Berg.	晋卿岛	—
602	禾本科	双穗雀稗 *Paspalum distichum* L.	永兴岛	西沙队3282、李泽贤等5534、YXD372
603	禾本科	圆果雀稗 *Paspalum scrobiculatum* L. var. *orbiculare* (G. Forst.) Hack.	永兴岛、西沙洲	西沙队3295、李泽贤等5477、YXD334、xsz41
604	禾本科	海雀稗 *Paspalum vaginatum* Swartz	永兴岛、东沙岛	—
605	禾本科	牧地狼尾草 *Pennisetum polystachion* (L.) Schultes	太平岛、东沙岛	—
606	禾本科	茅根 *Perotis indica* (L.) Kuntze	永兴岛	李泽贤等5516
607	禾本科	筒轴茅 *Rottboellia cochinchinensis* (Lour.) Clayton	永兴岛	—
608	禾本科	斑茅 *Saccharum arundinaceum* Retz.	永兴岛、晋卿岛	西沙队3386
609	禾本科	甘蔗 *Saccharum officinarum* L.	永兴岛、中建岛、赵述岛	YXD169、zs132
610	禾本科	囊颖草 *Sacciolepis indica* (L.) A. Chase	美济礁	—
611	禾本科	莠狗尾草 *Setaria parviflora* (Poir.) Kerguélen	永兴岛	YXD198
612	禾本科	* 高粱 *Sorghum bicolor* (L.) Moench	永兴岛	—
613	禾本科	* 光高粱 *Sorghum nitidum* (Vahl) Pers.	太平岛	—
614	禾本科	鬣刺 *Spinifex littoreus* (Burm. f.) Merr.	华阳礁	—
615	禾本科	鼠尾粟 *Sporobolus fertilis* (Steud.) Clayton	永兴岛、东岛	西沙队3337
616	禾本科	盐地鼠尾粟 *Sporobolus virginicus* (L.) Kunth	永兴岛、琛航岛、甘泉岛	西沙队3298、李泽贤等5441
617	禾本科	双蕊鼠尾粟 *Sporobolus diandrus* (Retzius) P. Beauvois	太平岛	—
618	禾本科	锥穗钝叶草 *Stenotaphrum micranthum* (Desv.) C. E. Hubb.	永兴岛、东岛、筐仔北岛、甘泉岛、晋卿岛	西沙队3299、李泽贤等5450、JQ022
619	禾本科	侧钝叶草 *Stenotaphrum secundatum* (Walter) Kuntze	—	—
620	禾本科	钝叶草 *Stenotaphrum helferi* Munro ex Hook. f.	—	—
621	禾本科	蒭雷草 *Thuarea involuta* (G. Forst.) R. Br. ex Roem. et Schult.	永兴岛、东岛、中建岛、晋卿岛、琛航岛、广金岛、金银岛、甘泉岛、珊瑚岛、银屿、南岛、北岛、中岛	西沙队3204、李泽贤等5456、YXD66、ZD11、BD64
622	禾本科	雀稗尾稃草 *Urochloa paspaloides* J. Presl	晋卿岛、银屿	—

（续）

序号	科名	物种名	分布	标本
623	禾本科	光尾稃草 *Urochloa reptans* (L.) Stapf var. *glabra* S. L. Chen et Y. X. Jin	晋卿岛	JQ052
624	禾本科	* 玉米 *Zea mays* L.	永兴岛、赵述岛	zs123
625	禾本科	沟叶结缕草 *Zoysia matrella* (L.) Merr.	永兴岛、东岛、赵述岛、北岛、晋卿岛	YXD18、YXD147、zs11、BD39
626	禾本科	细叶结缕草 *Zoysia pacifica* (Goudswaard) M. Hotta et S. Kuroki	东沙岛	—

图书在版编目（CIP）数据

南海岛礁野生植物图集/王祝年，王清隆，戴好富主编．—北京：中国农业出版社，2020.7
ISBN 978-7-109-26682-7

Ⅰ.①南…　Ⅱ.①王…②王…③戴…　Ⅲ.①南海诸岛-野生植物-图集　Ⅳ.①Q948.52-64

中国版本图书馆CIP数据核字（2020）第044580号

中国农业出版社出版
地址：北京市朝阳区麦子店街18号楼
邮编：100125
责任编辑：黄　宇　　文字编辑：张田萌
版式设计：杜　然　　责任校对：赵　硕　　责任印制：王　宏
印刷：北京中科印刷有限公司
版次：2020年7月第1版
印次：2020年7月北京第1次印刷
发行：新华书店北京发行所
开本：889mm×1194mm　1/16
印张：19.75
字数：540千字
定价：280.00元